香溪河流域岩溶水循环规律

罗明明　周　宏　陈植华　著

科　学　出　版　社

北　京

内 容 简 介

本书以长江三峡地区典型的岩溶流域——香溪河流域为例，系统地总结南方岩溶水循环过程中的补给、调蓄、响应、排泄等物理机制，提出适用于南方岩溶水循环的物理概念模型和数学模型，并介绍岩溶水文地质调查研究的相关理论与技术方法。

本书可作为水文与水资源工程、地下水科学与工程、工程地质、环境地质、矿产地质等研究生及高年级本科生的教学参考用书，也可供相关专业的生产和科研人员参考。

图书在版编目（CIP）数据

香溪河流域岩溶水循环规律/罗明明，周宏，陈植华著.—北京：科学出版社，2018.12

ISBN 978-7-03-060365-4

Ⅰ.①香… Ⅱ.①罗… ②周… ③陈… Ⅲ.①河流-流域-岩溶水-水循环-规律-宜昌 Ⅳ.①P339 ②P641.134

中国版本图书馆 CIP 数据核字(2018)第 300918 号

责任编辑：杨光华 何 念 / 责任校对：董艳辉
责任印制：彭 超 / 封面设计：耕者设计工作室

科学出版社 出版

北京东黄城根北街 16 号
邮政编码：100717
http://www.sciencep.com

武汉中科兴业印务有限公司印刷
科学出版社发行 各地新华书店经销
*

开本：787×1092 1/16
2018 年 12 月第 一 版 印张：8 3/4 插页：2
2018 年 12 月第一次印刷 字数：210 000
定价：78.00 元
（如有印装质量问题，我社负责调换）

序

当代水文地质学的研究领域，由解决局部性生产实际问题，转向保障可持续发展的全局性、长期性课题；由单纯的以现象归纳为主，转向过程与机理分析。

该书是在新一轮全国 1∶5 万水文地质调查的基础上，进一步深入研究获得的成果。该书对于我国南方岩溶水研究，在理论和方法上都有一定突破：以当代水文地质学的理论与方法为指导，在刻画岩溶水系统空间结构的基础上，分析岩溶水循环过程中补给、调蓄、响应、排泄等各环节的水量转化，探讨岩溶水调蓄能力及补给资源的评价方法，改善适合南方岩溶区的降水-径流数学模型，探讨岩溶水循环的物理机制，建立物理概念模型，进行岩溶水文过程数学模拟及预测。

岩溶水系统的介质结构与渗流场、化学场及温度场是相互耦合的整体。提取多场信息并相互核对和补充，能够最大限度地保证结果的信度和精度。在构建和辨识多级次岩溶水系统时，在地质分析基础上，综合运用一系列技术方法：利用氢氧稳定同位素确定地下水的补给高程，分析地下水平均滞留时间；利用 Mg^{2+} 浓度或者 $\gamma Mg/\gamma Ca$ 比较，定性分析水岩相互作用程度；通过离子浓度与 $\delta^{18}O$ 的相关关系，分析地下水流程；通过地下水人工示踪试验，确定岩溶水主要径流通道；利用岩溶泉水温对夏季高温脉冲及冬季低温脉冲的响应比较，分析地下水循环深度与循环速度等等。

利用原有岩溶泉引水发电的电量记录换算为流量，以及自建的水位、水温、电导率自动监测网，分析岩溶水水文过程及其衰减过程。由此得出，不同类型含水介质储水量的比例。在此基础上，提出年调蓄量和年调蓄系数的概念，两者综合反映岩溶水系统的调蓄能力。尽管这只是初步探讨，但对于调蓄能力差而经常发生季节性或年度性严重干旱的南方岩溶区，这一探讨具有潜在的重要实用价值。

丰水期岩溶管道流对裂隙介质补给，枯水期裂隙介质中的水回补管道，岩溶管道与裂隙的双向补给模式，以及裂隙储水与释水交互发生，是岩溶裂隙调蓄作用的体现。据此提出补给-调蓄-排泄的物理概念模型。岩溶水系统对降水补给脉冲转化为波形会产生滞后、延迟和叠加效应。岩溶水系统补给和响应两类机制的结合，构成岩溶水系统水文过程形成的物理基础。

基于水均衡原理、单位水文过程的脉冲函数和滤波叠加原理探讨岩溶水系统的降水-径流数学模型。该模型将具有多重含水介质的岩溶水系统进行概化，模型参数中考虑了岩溶发育程度、落水洞与地下河出口之间的距离等，能够准确捕捉地下洪水的响应过程，可以应用于具有灌入式补给特点的南方岩溶水系统的径流过程模拟及预测。

由此可见，该书运用当代水文地质学的理论模式和调查研究方法，对我国典型南方岩溶区加以剖析，并有所突破。无论对于岩溶水研究，还是对于现代水文地质调查方法，该书都具有重要借鉴价值。

张人权

2018 年 12 月 18 日

前　言

我国南方岩溶面积分布广，岩溶发育程度高，岩溶水系统结构复杂，岩溶水资源的时空分布差异极大，岩溶区的资源环境问题也十分突出。西南岩溶区生态环境脆弱，结构性干旱缺水与岩溶内涝、地下河污染、岩溶石漠化、岩溶塌陷等资源环境问题严重制约着当地的经济社会发展，这也是生态文明建设中亟待解决的重大问题。随着生态文明建设工作的不断推进与经济社会发展的需求，中国地质调查局在岩溶区集中布置了1∶5万水文地质、环境地质调查工作，其中在三峡地区布置的"湖北宜昌兴山香溪河岩溶流域1∶5万水文地质调查"项目正是本书写作的来源。

新一轮全国1∶5万水文地质调查的目标是以当代水文地质学理论为指导，查明地下水形成分布规律及关联的资源-环境-生态-灾害底数，为国土资源规划、推进生态文明建设、保障永续发展提供决策依据，为推动我国地下水科学发展提供平台，为公众提供公益性水文地质信息。针对岩溶区的水文地质调查工作，查明岩溶水系统结构，掌握岩溶水循环机制，以及定量评价岩溶水资源等，是解决岩溶区结构性干旱缺水与地下河污染防治的关键，也是深化岩溶水文地质学和岩溶动力学研究中十分基础且重要的工作。

南方岩溶水系统是由岩溶洞穴、管道、裂隙、孔隙等多重介质组成的复杂系统，含水介质具有高度的非均质性，出现层流与紊流共生、有压流与无压流共存的现象；不同岩溶水系统之间水位差异变化大，水流运动方向不同步，一般没有统一的区域地下水位，补给资源与储存资源难以区分。南方岩溶区的地表水与地下水转换频繁且复杂，水资源动态变化极大；在进行南方岩溶水资源评价时，又面临缺乏长期观测资料，难以获取岩溶水系统含水介质的结构和水力参数等难题。因此，岩溶水系统结构刻画和岩溶水资源定量评价极具挑战。针对南方岩溶水系统结构的特点及水资源评价工作中的难点，需要对南方岩溶水资源的形成、运移、分布规律进行深入剖析，并且在数学模型上进一步探索，方能在南方岩溶水资源定量评价研究中实现一些突破。

本书的研究目标是以香溪河流域为例，通过刻画典型岩溶水系统的空间结构特征，揭示岩溶水循环的物理机制，分析岩溶水循环过程中补给、调蓄、响应、排泄等各环节的水量转化关系及影响因素，探讨岩溶水调蓄能力及补给资源的评价方法；在此基础上，构建适合南方岩溶区的降水-径流数学模型，实现岩溶水文过程的模拟及预测，最终为南方岩溶区的水资源评价服务。本书的主要认识可概括为以下三个方面。

（1）刻画岩溶水系统的空间结构是揭示岩溶水循环规律的基础。岩溶水循环的物理机制包括岩溶水输入-输出过程中的补给、调蓄、响应及排泄等环节的相互转化机制。本书通过水文地质测绘、水文地质钻探、地下水示踪试验、水化学和同位素等技术手段，对香溪河流域典型岩溶含水系统的结构特征进行刻画，揭示"多源单汇""单源多汇"等不同的补给径流模式以及多级次岩溶水流系统的存在。

（2）利用气象、水文等长期观测数据，定量分析岩溶水文过程各环节的水量转化关系，探索水量评价方法，为岩溶水循环物理概念模型的概化和数学模型的构建奠定基础。本书基于水均衡理论和流量衰减理论，完善基于流量衰减理论的次降水补给系数的计算方法，提出岩溶水系统调蓄量和调蓄系数的概念及计算方法，为南方岩溶水资源评价内容的拓展提供新思路。

（3）基于对岩溶水系统结构的刻画和岩溶水循环规律的分析，构建适用于南方岩溶水循环的物理概念模型和数学模型，提出适用于南方中小规模岩溶水系统的降水–径流数学模型，探讨岩溶水系统响应参数 τ 的物理意义，该模型在南方岩溶区的水资源评价和洪水预测工作中有广泛的应用前景与参考价值。

本书依托中国地质调查局项目"湖北宜昌兴山香溪河岩溶流域 1∶5 万水文地质调查"（项目编号：12120113103800），研究成果凝聚了项目研究团队每位成员的付出和心血。自 2013 年，中国地质大学（武汉）在香溪河流域开展了长期的野外调查与研究工作，并逐渐形成了一个以岩溶槽谷区为特点的岩溶水文地质研究的野外科学观测研究基地。

本书涉及的野外调查、数据采集与室内分析等工作，离不开以下各位做出的贡献：张亮、尹德超、龚星、蔡昊、王振华、肖天昀、李然、陈标典、周彬、石思宇、陶志昊、黄荷、谢凯、陈如冰、朱静静、肖紫怡、林翔、魏鑫、王林、韩兆丰、郭绪磊、刘建、石冰、李腾芳、柯东方、罗利川、刘添文、Hamza Jakada、王泽君等，以及兴山县相关部门和当地老百姓的协助。这些曾经参与调查研究的研究生大部分已经走出校门，奋斗在我国水文地质、工程地质、环境地质事业的前线，我们一起在香溪河跋山涉水时留下的欢声笑语和艰辛汗水，便结晶为这本专著，感谢那些一起翻山越岭的岁月，给予我们成长的历练与美好的经历，让我们感知地质工作的魅力与精髓。本书的写作还得到以下各位的启发与帮助：Robert E. Criss、张人权、徐恒力、张卫、梁杏、罗朝晖、王涛、曾斌、史婷婷等，尤其是张人权先生多次与我们讨论撰写提纲，并对本书进行审稿和作序。本书的出版得到了中国地质大学（武汉）"水文地质学"一流学科建设专项经费和中央高校基本科研业务费专项资金杰出人才培育基金（项目编号：CUG170670）的共同资助。在此我们谨对以上各位及有关单位表示诚挚谢意。

岩溶水系统是十分复杂的，对其结构的识别和水循环规律的揭示，并不是一件容易的事，关于岩溶水循环的理论创新及新技术新方法，还需要我们付出长期的努力。由于岩溶地貌类型的多样性、岩溶水系统结构的复杂性，加之我们的认识过程与研究时间有限，在本书中关于岩溶水循环规律的解读，也难免有疏漏或偏颇之处，恳切期望读者与有关专家学者不吝指正。对本书的批评与建议，请发至电子邮箱：luomingming@cug.edu.cn。

作　者
2018 年 7 月于武汉

目　　录

第 1 章

绪　论

1.1　岩溶水循环的物理机制研究现状

岩溶水循环的物理机制是指岩溶水从系统输入到输出的变化过程和转化机制，涉及补给、调蓄、响应、排泄等各个过程。岩溶水循环的物理机制严格受岩溶水系统结构的控制。深化对岩溶水循环的物理机制的认识，有助于揭示岩溶水系统结构与功能的相互作用机制，帮助认识介质结构与岩溶水流之间的本构关系，这是建立数学模型的前提。

1.1.1　岩溶水的组成及其运动规律

由于南方岩溶区的多重含水介质（洞穴、管道、裂隙、孔隙）受不同强度降水补给，各类含水介质对地下水的响应与调节具有明显差异，导致岩溶水出现快速流与慢速流这两种不同水文学特征的水流（严启坤，1993；严启坤 等，1986）。快速流是指岩溶管道中以洪水波形式传播的那部分地下径流，主要来源于岩溶洼地的地表坡面流通过岩溶洼地、落水洞等途径的点状集中补给，在含水层中形成明显的水面比降及波峰、传播速度很快的水流（劳文科 等，2009）。

岩溶水从介质角度可细分为孔隙流、裂隙流和管道流。岩溶孔隙流的运动规律与松散沉积物中的孔隙水一样，一般概化为多孔连续介质的渗流问题，可用经典的达西定律（Darcy's law）来描述其运动过程（White et al.，2005）。岩溶裂隙流的运动规律多采用单裂隙岩体中地下水运动的立方定律来描述，即伯努利（Bernoulli）窄缝水流公式（Witherspoon et al.，1980）。岩溶管道流可分为具有自由水面的无压流和有压流，无压流的运动一般使用曼宁（Manning）公式来描述（Ghasemizadeh et al.，2012），而有压流则多采用达西-韦斯巴赫（Darcy-Weisbach）公式进行刻画（Thrailkill，1968）。

一般认为，中国南方的岩溶水系统同时存在裂隙流与管道流，并且相互之间在不断发生转化，而中国北方岩溶水以裂隙流为主（单海平 等，2007；何宇彬，1997）。正是由于南方岩溶水中裂隙流与管道流并存的特点，岩溶水表现出极强的水量、水质动态变化（刘丽红 等，2014；姜光辉 等，2011）。

1.1.2　岩溶水的补给过程

在裸露型岩溶区，除在地下发育岩溶洞穴、管道及裂隙等多重含水介质外，在地表也发育岩溶洼地、漏斗、落水洞及裂隙等降水补给通道，降水后形成两种主要的补给方式，包括活塞式入渗补给和捷径式入渗补给（张人权 等，2011），主要是指通过岩溶裂隙形成的面状入渗补给和通过岩溶洼地、落水洞形成的点状补给。

裂隙水与管道水在枯水期和丰水期交叉相互补给。由于管道水位比裂隙水位的上升和下降速度都要快,管道水与裂隙水的补给与排泄关系时常发生转换(杨立铮,1982)。在我国南方岩溶峰丛洼地区,常出现这种"双向"补给现象(严启坤 等,1986)。管道水与裂隙水的双向补给过程中,携带了大量的水文地球化学信息,可作为辨识两种径流成分的信息载体(Vesper et al.,2004)。由于南方岩溶区的含水介质极不均一,且管道流与裂隙流之间的水力联系复杂,达西流与非达西流并存,一般不具有统一的区域地下水位(郭琳 等,2006),严格划分管流层与散流层也是很困难的。

天然或人工示踪试验被广泛用于辨识岩溶水的补给来源和径流途径(Lauber et al.,2014a,b),地下水人工示踪试验还被用于计算地下水实际流速、模拟地下水流或溶质运移、评估地下水易损性等(Aydin et al.,2014;Mudarra et al.,2014;Aquilanti et al.,2013;Goldscheider,2008)。稳定同位素和水化学也可以帮助确定岩溶水的补给区与补给来源,判断岩溶水的径流途径和水岩相互作用过程(Barbieri et al.,2005;O'Driscoll et al.,2005)。在氢氧同位素高程效应比较明显的山区,稳定氢氧同位素还经常用于判断山区地下水的补给来源和循环深度(Marechal et al.,2003;Clark et al.,1997;Rose et al.,1996)。

1.1.3 岩溶水的动态响应

岩溶水的物理、化学和生物指标时空变化差异大,是岩溶水循环的重要信息载体。因此,利用输入-输出的响应模型,将降水或补给事件的时间序列作为输入端,岩溶水文过程或水文地球化学过程作为输出端,可分析岩溶水系统的动态响应规律。

国内学者在不同地区对岩溶水文过程和水文地球化学过程的响应特征进行过诸多研究,主要用于辨识岩溶水的多种径流成分与来源(常勇 等,2012;刘仙 等,2009;刘再华 等,2004;韩庆之 等,1998),计算快速流与慢速流、管道流与裂隙流的比例等(姜光辉 等,2011,2009),并且模拟降水输入与流量输出的时间序列响应特征(刘丽红,2011)。

国外学者用了大量的物理、化学指标来研究岩溶水的动态响应规律,包括pH、电导率、水温、离子组分、氢氧同位素等(Mudarra et al.,2014;Civita,2008;Winston et al.,2004),通过理化指标的响应来分析岩溶水系统的滞后、延迟效应,以及确定补给来源等(Birk et al.,2004;Vesper et al.,2004)。在岩溶水系统的响应规律分析方法中,时间序列分析法是最为常用的方法之一(Panagopoulos et al.,2006;Lee et al.,2000;Padilla et al.,1995)。

1.1.4 岩溶水的调蓄-排泄关系

岩溶水的调蓄-排泄关系是指岩溶含水介质在储存和释放地下水的过程中，介质结构与径流排泄之间的数学关系。流量衰减理论被广泛应用于岩溶水的调蓄-排泄关系的研究中，用于反映岩溶水的循环特征、介质结构和水源构成等。

流量衰减方程的推导主要基于三种方法：地下水流方程、流域调蓄-排泄关系、经验关系。常见的流量衰减方程可归纳为 16 种（董贵明 等，2014a）。

西南岩溶区发育众多的岩溶地下河系统，地下河流量衰减过程多使用单一指数型、叠加指数型和直线方程等进行拟合，其中以单一指数型最多。指数衰减方程可用于求取干旱期最小流量、含水层储水量、水力参数（如导水系数等）、降水有效入渗系数等（张艳芳 等，2010；劳文科 等，2009；缪钟灵 等，1984；林敏，1984；黄敬熙，1982）。近年来，国内学者通过室内试验与数值模拟证明，衰减过程每个亚动态衰减速率的差异是岩溶介质内部结构差异造成的（董贵明 等，2014b；孙晨 等，2014）。众多衰减分析方法的一个不足之处是，在不同的岩溶水系统中，甚至在同一个系统内，衰减行为的差异性极大，衰减方程很难统一。

基于经验关系的流量衰减方程，往往是根据各个不同场地条件下的观测结果，进行拟合分析后推导出的衰减方程或概念模型，如水库出流模型（Padilla et al.，1994）、双曲线模型、线性与非线性叠加模型等（Schmidt et al.，2014）。

岩溶水系统中管道水与裂隙水的调蓄-排泄关系决定了快速流与慢速流的分割方法，直接影响快速流与慢速流的径流比例（Bailly-Comte et al.，2010）。关于管道与裂隙的调蓄-排泄关系及水量转化问题，前人结合场地观测数据也概化了一些模型计算方法，涉及集中补给过程中管道流向裂隙流的补给量计算（Wong et al.，2012；Bailly-Comte et al.，2010）和地下洪水过程中快速流的比例计算等（刘丽红 等，2014；姜光辉 等，2011；严启坤 等，1986）。

总体而言，我国南方岩溶水动态变化极大，目前对于岩溶水系统的补给-调蓄-排泄机制的认识还有待深入；同时，缺乏岩溶水系统调蓄能力的评估方法。

1.2 岩溶水循环的数学模型研究现状

1.2.1 岩溶地下水模型

岩溶含水介质的高度非均质性和内部复杂的水力条件使得岩溶水流在时间和空间上都具有显著的差异（Clifford et al.，2007；Goldscheider et al.，2007）。岩溶水渗流过程难以用数学模型进行精确刻画，缺乏适合的本构方程进行描述，如管道紊流与裂隙层流的相互作用机制，尤其是不同介质水流对降水事件的响应规律。因此，相比孔隙水的模拟，岩溶地下水的模拟往往要复杂许多。

早期的岩溶地下水模型多基于解析解，并且常常先进行条件概化和假设。现代的岩溶地下水模型一般基于数值解，并且结合了计算机技术的使用；基于大量的监测数据，选择适合的数学方法和计算机程序来求解地下水流动和溶质运移方程，主要应用于区域地下水均衡计算、水资源管理、地下水流或污染物运移模拟等方面（韩行瑞，2015；Scanlon et al.，2003）。由于岩溶含水介质的高度非均质性和各向异性，往往对含水介质进行概化处理，加之岩溶水系统的空间结构难以确定，导致模拟结果经常出现较大的不确定性，这也是岩溶地下水模拟中常常遇到的难题（Kovacs et al.，2007）。

根据模型结构参数的属性，岩溶地下水模型大体上可分为集总式岩溶地下水模型和分布式岩溶地下水模型两类。这两类的差别主要取决于其是否考虑系统内部的物理水文过程（Meng et al.，2015；Hartmann et al.，2014）。

1. 集总式岩溶地下水模型

集总式岩溶地下水模型可以模拟岩溶水系统出口的整体水文、物理或化学响应，如泉流量和溶质浓度等对补给事件的响应过程。集总式岩溶地下水模型的一个显著特点是，不能体现出岩溶水系统中地下水流的空间差异，反映的是整个系统中地下水流量或溶质浓度与补给之间的结构关系，其模拟结果只是一个系统的整体反映。但是含水层的水力参数、地下水流向、地下水流速等具有空间差异的参数，在集总式岩溶地下水模型中都不能真实地反映。集总式岩溶地下水模型最大的优点是，建立模型需要的数据较少，不需要类似于含水层渗透系数、地下水水位等具有空间差异的参数，而且建模过程中不需要考虑含水层地下空间结构的复杂性。

常用的集总式岩溶地下水模型有流量衰减模型、水库模型、人工神经网络模型等。

1）流量衰减模型

流量衰减模型多集中于单次水文过程的分析，通过分析水文过程曲线的形态来获取反映降水事件的集总式水文响应参数。比较常见的是刻画泉流量动态变化的衰减模型（Dewandel et al.，2003；Tallaksen，1995），由潜水运动的基本水流方程求解得到（Field et al.，2000；Szilagyi et al.，1998）。

衰减分析一般采用二次多项式或指数函数来拟合衰减曲线（Dewandel et al.，2003）。

Drogue（1972）首次提出利用一个数学方程来描述整个衰减过程的双曲线模型，如下：

$$Q_t = \frac{Q_0}{(1+\alpha t)^m} \tag{1.1}$$

式中：Q_t 为衰减起始之后任意时刻的流量，L^3/T；Q_0 为初始流量（衰减起始点的流量），L^3/T；α 为衰减系数，$1/T$；t 为衰减历时，T；m 为常数，取值 0.5～5，用于模型校正，大多数案例中，m 取 1.5 时效果最佳。

Maillet（1905）首次提出单一指数衰减模型，如下：

$$Q_t = Q_0 e^{-\alpha t} \tag{1.2}$$

式中：Q_t 为衰减起始点之后任意时刻的流量；Q_0 为初始流量（衰减起始点的流量）；α 为衰减系数。

根据单一指数衰减模型，又有多重指数衰减模型被提出，并指出不同的衰减段指示不同级次介质（管道、裂隙、孔隙）（Torbarov，1976）；但是这一结论并不被普遍接受（Eisenlohr et al.，1997），他们指出不同的衰减组成不一定能反映不同尺度的渗透系数：

$$Q(t) = Q_1 e^{-\alpha 1 t} + Q_2 e^{-\alpha 2 t} + \cdots + Q_n e^{-\alpha n t} \tag{1.3}$$

2）水库模型

水库模型着力于寻找输入与输出的关系（Ghasemizadeh et al.，2012），降水-径流数学模型即属于这一类模型。水库模型可以模拟流量和溶质浓度在时间上的变化，只需要降水、蒸发和输入浓度这几项数据，泉口观测的水文或水文地球化学过程曲线可用于模型的校正。岩溶水系统中不同形式的水流都用相互连接的水库来刻画，排泄是由水库储存量按比例排出：

$$Q_{out} = \beta V_s \tag{1.4}$$

式中：Q_{out} 为排泄流量，L^3/T^1；β 为排泄系数，$1/T^1$；V_s 为储存体积，L^3。

在水库模型中，基于水均衡原理，利用储存量的变化来反映整个系统的水文响应规律：

$$\frac{dV_i}{dt} = Q_{in,i} - Q_{out,i} \tag{1.5}$$

式中：dV_i/dt 为均衡期 i 内存储量的变化量；$Q_{in,i}$ 为均衡期 i 内水库的输入量；$Q_{out,i}$ 为均衡期 i 内水库的输出量。

水库模型可用于分析岩溶水的易损性（Butscher et al.，2008）、岩溶水系统的响应（Fleury et al.，2007）、补给的时间分布特征（Geyer et al.，2008）等。

3）人工神经网络模型

人工神经网络、模糊逻辑、遗传算法、时间序列分析等方法也经常用于寻找岩溶水系统中降水转换成径流的关系，主要通过构建计算机智能系统来模仿人类的推理和学习过程（Kang et al.，2015；Kourtulus et al.，2010；Dou et al.，1997；Padilla et al.，1995；）。

人工神经网络模型在降水与泉流量的响应模拟中被广泛应用（Gökbulak et al.，2015；Hu et al.，2008；Kurtulus et al.，2006），主要通过获取经验来解决新问题，试图寻找岩溶水系统输入与输出的数学关系（Zeljkovic et al.，2015；Petric，2002）。观测的日降水量和泉流量通常被用作人工神经网络模型的输入数据，并用于模型校正和测试。人工神经网络模型校正后估算的输出结果必须与观测结果进行对比，验证可靠之后，方可用于径流模拟与预测（Kourtulus et al.，2010）。人工神经网络模型常用于模拟及预测岩溶或裂隙水系统的泉流量过程（Hu et al.，2008；Lallahem et al.，2003）。

2. 分布式岩溶地下水模型

分布式岩溶地下水模型将岩溶水系统离散化为多个子网格单元，每个子单元可赋予不同的水力参数和边界条件。在整个系统中，水力参数和边界条件都可以实现在空间上和时间上的变化，因此分布式岩溶地下水模型在建模时需要更加多样而详细的调查数据。分布式岩溶地下水模型在模拟岩溶水时最大的挑战在于如何刻画岩溶水系统内部高度非均质的介质结构。分布式岩溶地下水模型提供了水位的时空变化特征，并且依据长期监测数据进行校正（Doummar et al.，2012；Birk et al.，2005），但此类模型的构建与验证对建模数据和校正数据的要求都非常高（Hartmann et al.，2014）。

常见的分布式岩溶地下水模型可概括为以下几类：等效孔隙介质模型（equivalent porous medium approach，EPM）、双重介质模型（double porosity model，DPM）、离散裂隙网络模型（discrete fracture network approach，DFN）、离散管道网络模型（discrete channel network approach，DCN）、混合模型（hybrid model，HM）（表1.1）。

表 1.1　分布式岩溶地下水模型一览表（Ghasemizadeh et al.，2012）

模型名称	亚类
等效孔隙介质模型（EPM）	单一连续等效孔隙介质方法
	不均一连续方法
	分布参数方法
	模糊管道方法
	单一连续方法
双重介质模型（DPM）	双重连续方法
	双重连续等效孔隙介质方法
离散裂隙网络模型（DFN）	平行板模型
	离散单一裂隙方法
	离散多重裂隙方法
离散管道网络模型（DCN）	离散管道网络方法
混合模型（HM）	离散-连续耦合方法
	单一连续-离散裂隙耦合方法

我国南方岩溶水系统的含水介质具有高度非均质性，其物理结构往往难以刻画。一方面，孔隙水的工作方法在南方岩溶区的适用性非常局限；另一方面，传统的水文地质参数（给水度、渗透系数、导水系数等）难以获取。参数获取的难度和花费巨大，且代表性有限，因此在南方岩溶区构建传统的分布式地下水模型的难度非常大。

1.2.2 岩溶水文模型

在社会经济发展的新阶段，对了解水资源时空分布格局的需求提高到了新高度，特别是应对全球变化及极端气候下的水资源预测（袁道先，2015），因此流域水文模型方法成为发展趋势。流域水文模型在解决水资源评价预测、洪水预报、水利工程规划设计等方面发挥了重要作用，是水文学研究中的重要内容，并且在岩溶水文学研究中也得到了诸多尝试与探索。

流域水文模型可分为集总式水文模型与分布式水文模型两种。

集总式水文模型不考虑下垫面和气象条件在空间上的变化，采用集总概化的方式来描述水文过程，而岩溶流域往往在空间上具有高度的不均一性，因此集总式水文模型在岩溶流域的应用中受到限制。常见的集总式水文模型有斯坦福（Stanford）模型、水箱（Tank）模型、萨克拉门托（Sacramento）模型、新安江模型等。将集总式水文模型运用到岩溶流域时，前人也做了许多尝试与改进，如北山模型（崔光中，1988）和丫吉模型（章程 等，2007；袁道先 等，1996）等。

由于集总式水文模型在描述水资源的时空分布上存在缺陷，分布式水文模型得到了蓬勃发展。在 3S 技术的不断发展下，分布式水文模型充分考虑了流域下垫面和气象条件的时空变化，并且模型参数具有较为明确的物理意义，因此能更准确详细地描述流域的水文物理过程，获取更贴近实际的流域水文信息，但是建模的难度及所需要的基础数据都大大增加，模型率定的困难也增大。

分布式水文模型一般具备定量刻画、描述流域中水分传输和流动过程的功能。SHE（system hydrological European）模型、MIKE-SHE(MIKE-system hydrological European)模型、SWAT（soil and water assessment tool）模型是目前较为成熟、应用最广的分布式水文模型（傅春 等，2008；Bathurst et al.，1996，1992；Abbott et al.，1986；）。

除此之外，TOPMODEL（topography based hydrological model）是介于集总式水文模型与分布式水文模型之间的半分布式水文（Beven et al.，1984）。在岩溶流域的应用中，SHE、SWAT 和 TOPMODEL 也得到了较多探索（马全，2014；潘欢迎，2014；刘惠民 等，2013；任启伟，2006；Duan et al.，1997）。

在我国岩溶集中分布的西南地区，往往缺乏系统的气象、水文等长期观测资料，且基础地质及水文地质工作薄弱，建立分布式地下水模型或分布式水文模型所需的基础数据都严重不足，模型率定或校正也十分困难。对于流域水资源评价而言，如何通过少量的气象、水文观测数据，建立一个所需建模数据少、模型参数容易获取、能实现水文过程模拟的模型，是目前紧迫需要的。其探索过程也具有很大的挑战性。

为了使自然现象更容易被认识与理解，将复杂问题简单化，即将自然界中复杂的物理过程用相对简单的数学关系来表达，则需要对系统结构及物理过程机制有非常深刻的认识。这正是本书在构建数学模型之前，先对岩溶水系统的空间结构和岩溶水循环的物理机制进行剖析的原因。

1.3 本书的主要内容

查明岩溶水系统的空间结构，认清岩溶水循环的物理机制，是建立岩溶水循环物理概念模型与数学模型的基础。因此，本书从揭示南方岩溶区典型岩溶水系统的空间结构出发，探讨岩溶水循环的物理机制；基于结构基础及水循环机制，建立物理概念模型与数学模型，实现岩溶水文过程的模拟及预测。研究内容按逻辑先后顺序，可归纳为如下三个部分。

1. 掌握岩溶水系统的空间结构

对岩溶水系统结构的认识与刻画是揭示岩溶水循环物理机制的前提。首先总结香溪河流域的地质环境概况和几种典型岩溶水系统的地质结构特征。以古夫宽缓向斜区为例，探讨多级次岩溶水系统的结构特征，从补给高程、地下水平均滞留时间、水岩相互作用等方面综合辨识多级岩溶水流系统，并概化多级岩溶水流系统的结构概念模型。以黄粮岩溶槽谷区为例，重点分析岩溶水系统的空间结构及其水动力特征，包括径流途径分布、径流通道特征、不同补给强度下的水动力及溶质运移特点等，进而概化岩溶水系统的空间结构概念模型。

2. 分析岩溶水循环的物理机制

岩溶水循环的物理机制严格受岩溶水系统空间结构的控制。从岩溶水系统的输入、输出、响应等几个环节分别讨论水量的转化机制。首先分析区内岩溶水的动态响应规律和衰减特征，揭示其响应的多脉冲过程，以及多重介质衰减的多相流特点。完善基于流量衰减理论的次降水补给系数计算方法，分析次降水量大小和季节变化对大气降水补给地下水的影响，探讨前期需水量及补给过程的叠加效应。探索调蓄系数和调蓄量的评价方法，分析径流转化和季节变化对调蓄的影响，探讨岩溶水系统的调蓄机制和岩溶水系统调蓄能力的评估方法。

3. 建立岩溶水径流过程的数学模型

基于岩溶水系统的空间结构及岩溶水循环的物理机制，首先构建岩溶水系统降水-径流转化的物理概念模型。在物理概念模型的基础上，利用水均衡原理、水文脉冲函数、滤波叠加原理等，推导降水-径流数学模型。其次以雾龙洞地下河为例，通过模型参数的估算与校正，实现岩溶水文过程的模拟。最后对模型的可靠性进行检验，并讨论模型的适应性。

第 *2* 章

区域地质环境概况

2.1 自然地理条件

香溪河流域是长江三峡地区的一个典型岩溶流域，靠近我国地形的二、三级阶梯分界线，处于我国亚热带季风气候区北缘，其地质环境特点具有特殊性和代表性。

2.1.1 地理位置

香溪河流域位于湖北省西部，东经 110°25′～111°06′，北纬 30°57′～31°34′。行政区划上主要位于宜昌市兴山县和秭归县境内，东接襄阳市保康县和宜昌市夷陵区，南抵秭归县长江西陵峡，西邻巴东县，北连神农架林区。香溪河全长 97.3 km，流域面积约 3 190 km²，是三峡水利枢纽坝上北岸第一条大支流（图 2.1）。香溪河流域是昭君故里（兴山县昭君镇昭君村）和屈原故里（秭归县屈原镇乐平里村）的所在地，具有深厚的历史文化底蕴，是鄂西地区的旅游胜地和重要的农业基地。

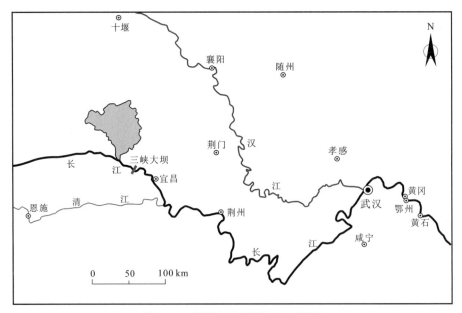

图 2.1 香溪河流域地理位置图

2.1.2　地形地貌

香溪河流域属构造剥蚀侵蚀地貌，系中低山区，层峦叠嶂，巍峨挺拔，沟壑纵横，地形起伏大。岩溶地貌形态复杂多样，可见多级岩溶剥夷面景观。区内森林资源较为丰富，森林覆盖率达 60.3%。地势总体北高南低，大体可分为三种地貌类型。

一是海拔小于 800 m 的溶蚀侵蚀深切河谷区，主要分布于流域内各干、支流河谷地带。河谷切割较深，两岸崖壁陡峭，相对高差可达 1 000 m 以上。河岸崖壁上常见小型溶洞或岩屋，局部可见岩溶嶂谷，岸边偶有岩溶泉出露。

二是海拔 800～1 500 m 的溶丘洼地台原区，主要分布于流域中部和东北部，水平岩溶及垂向岩溶均发育强烈，发育大量峰丛、落水洞、岩溶洼地、岩溶漏斗、岩溶槽谷及岩溶洞穴等。岩溶洼地多呈椭圆形或长条状，规模大小不一，洼地底部可见数米至数十米厚的松散堆积层，多数岩溶洼地和漏斗底部或边侧发育落水洞或消水洞，洼地四周为低缓溶丘，与洼地组成典型的溶丘洼地地貌形态组合。溶丘坡度较缓，缓坡上可见溶蚀沟槽发育，规模大小不等，大者长度可达数十米。溶丘洼地地形起伏较小，相对高差几十米至百余米，尤以黄粮、公坪、榛子等地最为发育。

三是海拔 1 500 m 以上的溶蚀侵蚀高中山脊岭区，主要分布于流域内各干、支流间的分水岭地带，属于流域内最高一级岩溶台面，局部峰顶可见小型岩溶洼地、岩溶漏斗和落水洞，如昭君镇孟家陵一带。

2.1.3　气象水文

香溪河流域属于亚热带季风性湿润气候区，四季分明、雨量充沛。由于区内地形高差大，气候垂直变化明显，小气候特征十分显著。海拔较低的地区，夏长冬短，夏季炎热，有记载的极端最高气温为 43.1 ℃。海拔较高的地区，冬长夏短，夏季凉爽，冬季严寒，有记载的极端最低气温为 −9.3 ℃。香溪河流域年均降水量为 900～1 200 mm，雨水主要集中于夏季，4～9 月降水量占全年降水量的比例达 78%。一般以 6～7 月为降水高峰，1 月降水最少（图 2.2）。受季风气候的影响，区内降水量年际变化、季节变化和空间分布的差异较大，出现湿润与干旱交错分布的现象。

香溪河流域自东向西分为三个子流域：高岚河流域、古夫河流域、南阳河流域（图 2.3）。高岚河流域位于香溪河流域东部，河流全长 60 km，流域面积 918 km²；古夫河流域位于香溪河流域中北部，河流全长 68 km，流域面积 1179 km²，发源于神农架林区骡马店；南阳河流域位于香溪河流域西北部，河流全长 32 km，流域面积 673 km²，发源于神农架林区红河。南阳河与古夫河在昭君镇昭君大桥处

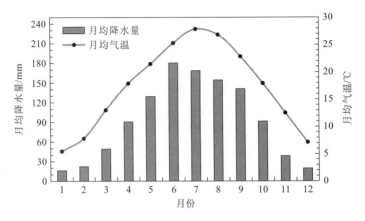

图2.2　香溪河流域兴山气象站多年月均降水量与月均气温

资料来源：兴山县气象局

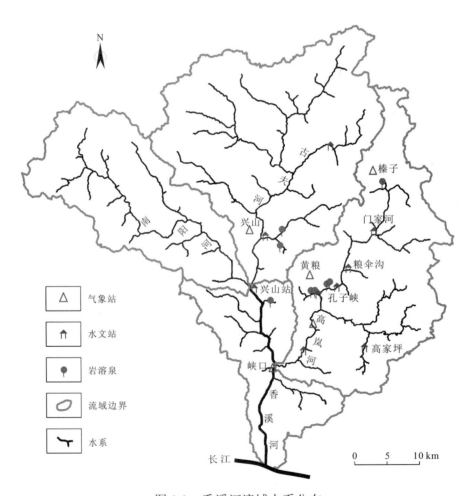

图2.3　香溪河流域水系分布

汇入香溪河,昭君大桥以下为香溪河干流,正处于三峡库区回水区末端。香溪河干流水位常年受三峡库区调蓄的影响,水位变幅为 145~175 m。香溪河流域水文条件受气候影响较大,夏季流量大,易发洪水;冬季、春季为枯水期。香溪河干流兴山站多年平均流量为 40.6 m³/s,每年 5~9 月为丰水期。多年月平均流量 7 月最大,为 72.80 m³/s;1 月最小,为 11.81 m³/s。

2.2　地　质　条　件

2.2.1　地层岩性

香溪河流域内地层出露较齐全,自太古界变质岩至第四系松散岩类,除缺失石炭系及白垩系外,其他地层皆有出露 [图 2.4(图版 I),表 2.1],地层总厚度 2 万余米。

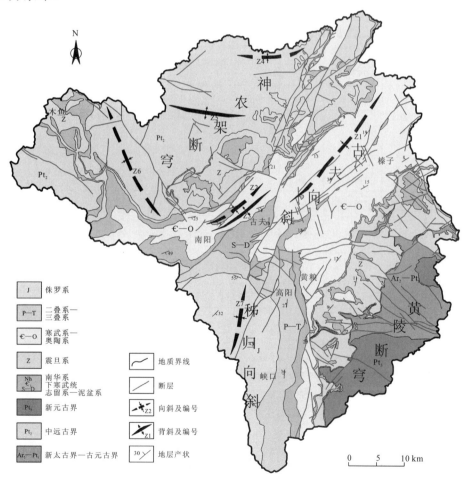

图 2.4　香溪河流域地质构造纲要图

表 2.1　香溪河流域地层简表

界	系	统	地层	符号	厚度/m	岩性
新生界	第四系(Q)			Q	0~11	卵石、砂、粉质黏土及残坡积碎石
中生界	侏罗系(J)	上侏罗统	遂宁组	J_3s	571.6~1 065.4	砖红色厚层状长石石英杂砂岩、泥质粉砂岩及泥岩
		中侏罗统	沙溪庙组	J_2s	1 059.6~1 244.3	灰白色-灰色厚层中细粒岩屑长石砂岩、长石石英砂岩、泥质粉砂岩、泥岩
			千佛崖组	J_2q	944.8~1 139.1	紫红色-灰绿色中厚层泥岩、灰绿色中层状中粒石英砂岩及泥质粉砂岩,夹卵砾石
		下侏罗统	桐竹园组	J_1t	373.9~547.0	灰绿中薄层泥岩、粉砂质泥岩、页岩夹中层状石英砂岩、长石岩屑砂岩,下部夹煤层、黄铁矿层
	三叠系(T)	上三叠统	九里岗组	T_3j	35~67	灰白色-浅灰色厚层块状长石石英砂岩、粉砂岩、泥质粉砂岩、碳质泥岩夹煤线
		中三叠统	巴东组	T_2b	94.4~1 411.8	紫红色-灰绿色泥岩夹含泥质钙质粉砂岩、灰绿色页片状泥岩、深灰色含泥质泥晶灰岩层
		下三叠统	嘉陵江组	$T_{1-2}j$	423.6~822.2	粉晶白云岩、含膏溶假晶粉晶白云岩及膏溶角砾岩
			大冶组	T_1d	476~881.8	浅灰色薄层微晶灰岩,底部为黄绿色页岩
古生界	二叠系(P)	上二叠统	大隆组	P_3d	3.3~6	灰色薄-中厚层含燧石结核灰岩
			吴家坪组	P_3w	82.1~278.1	深灰色燧石条带硅质灰岩,下部为碳质页岩夹煤层
			龙潭组	P_2l		泥质胶结砾岩,成分为深灰色石灰岩,泥质胶结松散
		下二叠统	茅口组	P_2m	145~281.9	灰色中厚层燧石结合微晶灰岩,顶部为薄层硅质岩
			栖霞组	P_1q	100~289	深灰色中厚层燧石结核微晶灰岩,下部为石英砂岩夹煤层
	泥盆系(D)	中泥盆统	云台观组	$D_{2-3}y$	0~81.3	中厚层状灰白色石英细砂岩夹薄层粉砂质泥岩
	志留系(S)	中志留统	纱帽组	S_2s	91~483	灰绿色和黄绿色泥岩、粉砂质页岩、粉砂岩、石英细砂岩、细砂岩
		下志留统	罗惹坪组	S_1lr	360~785	灰绿色和黄绿色泥质粉砂岩、页岩、粉砂岩夹细砂岩、石英细砂岩及页岩
		下志留统	新滩组	S_1x	681.2	灰绿色薄层粉砂质泥岩夹中薄层泥质粉砂岩,上部含有一厚度为 5.6m 的中厚层泥粉晶灰岩
	奥陶系(O)	上中奥陶统	龙马溪组	O_3S_1l	988~1 543	上段以黄绿色、蓝灰色等粉砂质页岩、粉砂岩为主。下段为黑色、碳质页岩、硅质页岩
			宝塔组	$O_{2-3}b$	22~85	灰色、紫红色中厚层龟裂纹微晶灰岩,底部为深灰色中薄层亮晶灰岩,有完整角石化石
		下奥陶统	牯牛潭组	O_1g	18.4	青灰色中薄层状含生物碎屑灰岩,层面可见较完整贝壳类生物化石,局部层间夹薄层泥质条带
			红花园组	O_1h	16.9~28.3	深灰色厚层状灰岩夹粗晶生物屑灰岩
			南津关组	O_1n	66.4~134	灰色厚层状微至细晶灰岩夹微晶白云岩,底部为黄绿色页岩
	寒武系(Є)	上寒武统	娄山关组	$Є_3O_1l$	54.6~346	浅灰色-灰色中-厚层白云岩
		中寒武统	覃家庙组	$Є_2q$	131.7~210.1	灰色-深灰色薄-厚层内碎屑粉细晶白云岩、中薄层泥质白云岩夹泥岩
		下寒武统	石龙洞组	$Є_1sl$	59.7~105.5	灰白色-深灰色厚层块状粉晶白云岩
			天河板组	$Є_1t$	88.2~88.3	深灰色中薄层粉晶泥质条带灰岩,中厚层鲕状灰岩
			石牌组	$Є_1s$	204.6~290.8	顶部为深灰色薄层泥岩夹中厚层石英细砂岩,底部为深灰色泥岩、深灰色粉砂质泥岩与深灰色薄层白云质灰岩韵律层

续表

界	系	统	地层	符号	厚度/m	岩性
古生界	寒武系（Є）	下寒武统	牛蹄塘组	$Є_1n$	87.8～114.3	顶部为深灰色薄-中层状粉晶藻屑灰质白云岩，中间为深灰色薄层含碳质泥岩、页片状泥岩，底部为黑色薄层含碳质泥晶灰岩夹黑色页岩
	震旦系（Z）	上震旦统	灯影组	$Z_2Є_1d$	60.9～245	上部为灰白色厚层块状含砂屑的细晶白云岩（砂糖状白云岩），为深灰色-灰黑色薄层纹层状灰岩
		下震旦统	陡山沱组	Z_1d	39.1～175.7	一段为中薄层状粉晶白云岩；二段为黑色含碳质页岩、白云质灰岩；三段为浅灰色薄层状含泥白云岩；四段为黑色含碳质页岩、硅质岩夹硅质页岩
	南华系（Nh）	上南华统	南沱组	Nh_3n	36～91	灰绿色冰碛砾岩、冰碛泥岩
			神农架群	Pt_2S	>3 500	白云岩、硅质条带白云岩、白云质粉砂岩、泥岩、板岩
			水月寺群	$(Ar_2—Pt_1)S$	>6 200	黑云斜长片麻岩、石墨片麻岩、大理岩、片麻岩、变粒岩

　　流域西北部出露元古界神农架群，为一套碳酸盐岩夹碎屑岩建造，岩性主要为白云岩、硅质条带白云岩、白云质粉砂岩，总厚度约 6 300 m。流域东南部出露太古界变质岩及岩浆岩。岩浆岩是黄陵岩体的主要组成部分，岩性以花岗岩及闪长岩为主；变质岩主要为黑云斜长片麻岩、片麻岩、变粒岩等，与神农架群共同构成区内古老基底。

　　震旦系至三叠系主要分布于流域中部及东北部，为一套滨海—浅海相沉积盖层，不整合于古老基底之上，岩性以碳酸盐岩为主，间夹两大套碎屑岩沉积，地层总厚度达 6 200 m。碳酸盐岩在香溪河流域内大面积出露，出露面积约为 1 998 km^2，占整个流域面积的 63%。区内碳酸盐岩主要集中于震旦系、寒武系、奥陶系、二叠系和三叠系，岩性以石灰岩和白云岩为主。侏罗系主要分布于流域西南部秭归向斜东翼，岩性主要为砂岩、粉砂岩和泥岩等，具内陆湖相沉积特点，总厚度约 8 500 m。第四系分布面积较小，零星分布于流域内狭长的河谷阶地及岩溶洼地内，以卵砾石、砂、粉质黏土及残坡积碎石土为主，厚度一般小于 20 m。

2.2.2　地质构造

　　香溪河流域处于扬子地块西北部，地层出露齐全，从太古代陆核物质、古元古代表壳沉积物、中元古代裂槽型建造、新元古代花岗岩侵位、南华纪—中三叠世以海相沉积为主的碎屑岩—碳酸盐岩建造、晚三叠世—侏罗纪陆相盆地沉积和第四纪松散堆积物均有出露，是扬子地块地质单位出露较全的地段之一。区内经历了多旋回多阶段的发展，记录了扬子地块的形成和演化历史，黄陵结晶基底和神农架褶皱基底较完整地记录了扬子陆块前寒武纪地质构造的时序演化。香溪河流域仅仅在东南部和西北部分别出露两基底的局部范围。中生代以来的沉积和变形事件，则保留了印支—燕山运动在板内的痕迹。从燕山期开始，区内进入全新的滨太平洋构造演化阶段。

1. 基底构造

香溪河流域跨越基底构造区和沉积盖层构造区（台地褶皱带）两大部分，其中基底构造区包括黄陵结晶基底和神农架褶皱基底两个构造分区。黄陵结晶基底主要是晋宁期构造-热事件的结果。神农架褶皱基底主要是晋宁期脆韧性变形构造的结果。沉积盖层构造区主要是印支期—燕山期构造事件的结果。黄陵结晶基底形成于古元古代末期的大别运动；神农架褶皱基底形成于中元古代末的扬子古陆块与东南古陆块碰撞造山运动。

黄陵结晶基底构造区分布于香溪河流域东南角的高岚、水月寺、大老岭一带，其物质由中太古代—新元古代中深变质岩系及弱变形变质的黄陵花岗岩等组成。该构造区具有中深层次、多期次韧性剪切、褶皱叠加、变形变质等特征，目前最为醒目的构造形迹为晋宁运动的产物。

神农架褶皱基底构造区分布于香溪河流域西北部的九冲河、咸水河、毛家河一带，主要出露中元古代神农架群地层。本区岩石变质作用微弱，神农架群下部地层以碎屑岩为主。香溪河流域位于神农架穹窿的东南部。神农架褶皱基底构造区内构造较简单，以晋宁期构造形迹最为醒目，是形成该区现今面貌的主期构造，表现为中浅层次脆韧性变形，以逆冲断层、褶皱等构造形迹为主。穹隆内部在印支期—燕山期由于远离造山带，构造变形不明显；喜马拉雅期以隆升为主，周边沉积盖层发生拆离；新构造运动时期主要表现为隆升剥蚀和差异升降。

2. 沉积盖层构造

沉积盖层构造区为除黄陵结晶基底和神农架褶皱基底以外的广大地区，由南华纪以来的沉积地层组成。主要经历了扬子地块盖层发展和印支—燕山造山运动的改造两个阶段。该构造区在长期地质演化进程中所经历的构造变动较少，按其构造变形的相互交切关系，大致可划分为印支—燕山主造山期和滨太平洋构造期，它们均为浅表构造条件下的产物。

印支—燕山构造期，香溪河流域在扬子板块与华北板块碰撞造山的背景下，主要受南北向挤压应力的作用。由于远离主造山带，香溪河流域属于台地边缘变形带，构造变形强度较其北部的造山带弱，在区内主要发育数条近东西向断裂构造和一系列北东向与北西向走滑型脆性断裂组成的共轭剪切系统，如近东西向发育的界牌垭断层和金家坝断裂。

在滨太平洋构造期，造山晚期由于太平洋板块自东向西运动，区内遭受强烈的挤压，形成与此次构造应力配套的一组北东向脆性断层和北东向褶皱，要表现为与前期构造形迹大角度横跨叠加，导致地垒与地堑并置出现，该期变形在区域上控制盆地的生成和发展，如北东向发育的新华断裂和小谷山断裂、南北向发育的仙女湖断裂。

2.2.3　构造运动

区内新构造运动是在印支—燕山造山运动奠定了基本构造格局之后发展起来的，是直接造成香溪河流域现代地貌基本格局的构造运动，是地质时期中最近的有独立意义的构造运动，在区内其主要运动方式为大面积间歇性隆升，在此基础上不断强化外营力（主要是水动力）的溶蚀、剥蚀和侧向侵蚀作用，以及重力作用下滑动、崩塌，从而不断改变区内的地形地貌格局。其主要表现形式是，地势地貌上出现多级夷平面、多级河流阶地、多层水平溶洞等。由于强烈上升的地壳受到流水的侵蚀，香溪河流域形成山高谷深的地貌特征；同时，隆升剥蚀形成多个小构造，从而形成多个小型岩溶水系统。

结合前人对三峡地区地文期的研究，香溪河流域内主要发育有鄂西期、山原期和三峡期三级夷平面：鄂西期夷平面海拔为 1 700～2 000 m，形成于喜马拉雅运动第二幕发生之前的古近纪末；山原期夷平面海拔为 1 200～1 500 m，完成于上新世，形成于喜马拉雅运动第二幕与第三幕之间的平静时期；三峡期夷平面为剥夷面，海拔为 800～1 200 m，基本形成于第四纪。

燕山运动后，区域地质构造格架基本形成，地壳处于相对稳定状态，溶蚀、剥蚀和侧向侵蚀作用十分活跃，在古近纪末形成鄂西期夷平面；喜马拉雅运动在三峡地区表现为间歇型的大面积抬升，使鄂西期夷平面受到强烈的破坏；喜马拉雅运动第二幕后，三峡地区处于相对稳定的状态，经溶蚀、剥蚀及侵蚀作用，形成山原期夷平面；新近纪末期，山原期夷平面形成之后，地壳仍有间歇性抬升，长江及其支流（包括香溪河）急剧下切形成了雄伟壮观的深切峡谷，并在长江宽谷段形成多级河流阶地。

2.3　水文地质条件

根据地下水的赋存、埋藏和分布条件，香溪河流域地下水类型可划分为松散岩类孔隙水、碳酸盐岩类岩溶水和基岩裂隙水三大类（表 2.2）。

表 2.2　香溪河流域地下水类型

地下水类型及代号		富水性	主要分布地区	地层代号
松散岩类孔隙水（Ⅰ）		弱	河流谷地、洼地	Q
碳酸盐岩类岩溶水（Ⅱ）	碳酸盐岩溶洞裂隙水（Ⅱ$_1$）	强	流域中、东北部	$T_{1-2}j$、T_1d、P_2w、P_1m、P_1q、$O_{2-3}b$、O_1n、$∈_2O_1l$、$∈_1sl$、$∈_1t$、$Z_2∈_1d$
	碳酸盐岩夹碎屑岩溶洞裂隙水（Ⅱ$_2$）	中等	流域中、东北、西北部	O_1g、$∈_2q$、Z_2d、Pt_2S
基岩裂隙水（Ⅲ）	碎屑岩风化裂隙水（Ⅲ$_1$）	弱	流域西南部	J_2s、J_2q、J_1t、T_3j、T_2b、$D_{2-3}y$
	岩浆岩、变质岩风化裂隙水（Ⅲ$_2$）	弱	流域东南部	$(Ar_2—Pt_1)S$

2.3.1　松散岩类孔隙水

松散岩类孔隙水的含水介质主要为第四系松散堆积层，主要分布于河谷两侧及大型岩溶洼地内，如古夫一带的河谷及黄粮、榛子一带的岩溶洼地。在河谷，河流相冲洪积物主要堆积在一级或二级阶地上，岩性为卵砾石、砂、亚砂土、亚黏土等；在岩溶洼地，松散堆积物为含碎石亚黏土、粉砂质黏土等。区内第四系松散堆积层厚度变化大，一般在 0～20 m。河流阶地除部分一级阶地为堆积阶地外，多数为基座阶地，地下水赋存条件差，泉点出露极少。区内第四系松散堆积层的水量十分贫乏。

2.3.2　碳酸盐岩类岩溶水

碳酸盐岩类岩溶水是区内分布最广，具有较大供水意义的地下水类型。碳酸盐岩出露面积大，地层厚度大，岩溶水在香溪河流域的水资源中占有举足轻重的地位。

碳酸盐岩呈多层状分布，形成碳酸盐岩溶洞裂隙水和碳酸盐岩夹碎屑岩溶洞裂隙水，构成区域含水性极强的岩溶含水层［图 2.5（图版Ⅱ），图 2.6］。含水岩组主要由震旦系、寒武系—奥陶系和二叠系—三叠系的石灰岩与白云岩构成。区内寒武系牛蹄塘组、石牌组，以及志留系，岩性主要为泥岩、粉砂岩及页岩等，为区域相对隔水层。

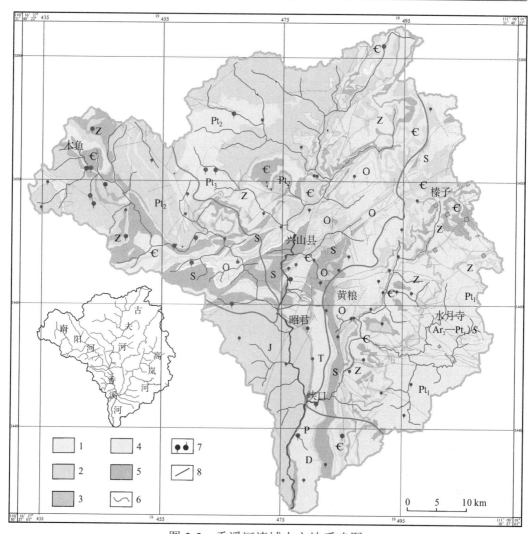

图 2.5　香溪河流域水文地质略图

1-碳酸盐岩溶洞裂隙水；2-碳酸盐岩夹碎屑岩溶洞裂隙水；3-碎屑岩风化裂隙水；4-变质岩及岩浆岩风化裂隙水；5-相对隔水层；6-子流域边界；7-下降泉、上升泉；8-断层

　　碳酸盐岩溶洞裂隙水成片分布于区内的峡口、黄粮、古夫、榛子等地。该含水岩组包括震旦系灯影组，寒武系天河板组、石龙洞组、娄山关组，奥陶系南津关组、宝塔组，二叠系栖霞组、茅口组、吴家坪组，三叠系大冶组、嘉陵江组，岩性主要为石灰岩和白云岩。该区溶蚀沟槽、岩溶洼地、漏斗、落水洞、溶洞、槽谷等星罗棋布，是区内岩溶化程度最高的地段。地下水主要赋存于岩溶管道和溶蚀裂隙构成的网络之中，并以地下暗河或岩溶泉的形式出露，水量丰富。

　　碳酸盐岩夹碎屑岩溶洞裂隙水分布于流域西北部神农架群分布区和流域中东部黄粮、榛子一带。该含水岩组包括神农架群、震旦系陡山沱组、寒武系覃家庙组、奥陶系牯牛潭组等，岩性以碳酸盐岩夹碎屑岩为主。岩溶化程度较低，局部地段发育有岩溶洼地、落水洞、漏斗、溶洞等岩溶形态。由于岩性特点和所处构造部位的差异，富水性在不同地段具有明显差异。

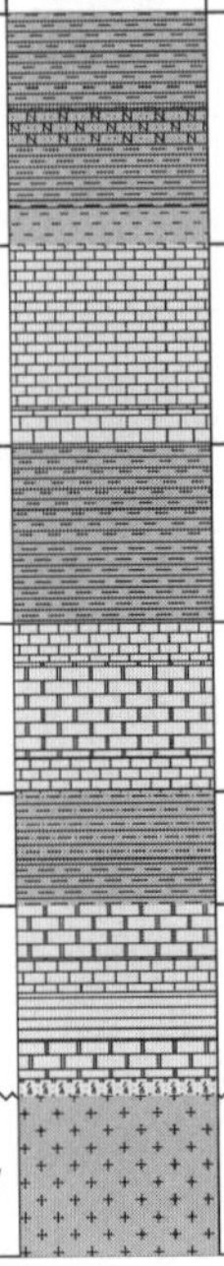

代号	柱状图	岩性	厚度/m	含水岩组
J_2s—T_2b		泥岩 粉砂岩 砂岩	2 696	基岩裂隙含水层
$T_{1-2}j$—P_1l		石灰岩 白云岩	1 900	岩溶含水层
$D_{2-3}y$—O_3S_1l		泥岩 粉砂岩	1 288	隔水层
$O_{2-3}b$—€_1t		石灰岩 白云岩	1 194	岩溶含水层
€_1s—€_1n		泥岩 页岩	332	隔水层
$Z_2\text{€}_1d$—Nh		石灰岩 白云岩 夹碎屑岩	459	岩溶含水层
$(Ar_2$—$Pt_1)S$		岩浆岩 变质岩	>5 000	基岩裂隙含水层

图 2.6   区域地层含水性综合柱状图

据峡口地层剖面测量结果整理

2.3.3   基岩裂隙水

基岩裂隙水主要分布于黄陵背斜和秭归向斜核部及周边地区。根据岩性差异及裂隙成因类型不同，可分为碎屑岩风化裂隙水和岩浆岩、变质岩风化裂隙水两个亚类。

碎屑岩风化裂隙水主要分布于流域西南部的秭归向斜东翼。该含水岩组主要包括泥盆系云台观组，三叠系巴东组、九里岗组，以及侏罗系。岩性主要为砂岩、石英砂岩、粉砂岩等。地下水主要赋存于风化裂隙带和张性、张扭性构造裂隙构成的导水网络之中，在砂岩与泥岩互层地段形成层间裂隙水，局部形成承压水，出露泉点数量多，但泉流量较小，水量中等或贫乏。

岩浆岩、变质岩风化裂隙水主要分布于香溪河流域东南部的黄陵背斜核部。岩浆岩主要为花岗岩和闪长岩类，变质岩主要包括水月寺群片麻岩和变粒岩等。区内岩浆岩由于外营力作用，风化强烈，强风化带厚度可达 10 m 以上，弱风化带和微风化带下限可达 60 m 以上。地下水主要赋存于风化带网状裂隙构成的导水网络之中，泉点出露数量少，水量较贫乏。

2.4　岩溶发育特征

2.4.1　岩溶类型及岩溶形态

南方岩溶可分为四类五大岩溶区（蒋忠诚 等，2006；袁道先，2003）：①滇、黔、桂新华夏系一级隆起带纯碳酸盐岩裸露型岩溶区；②黔、渝、鄂、湘新华夏系一级隆起带碳酸盐岩与非碳酸盐岩互层裸露型岩溶区；③湘桂沉降带覆盖型岩溶区；④川南重庆沉降带埋藏型岩溶区；⑤滇东断陷盆地及山地岩溶区。香溪河流域主要处于黔、渝、鄂、湘新华夏系一级隆起带碳酸盐岩与非碳酸盐岩互层裸露型岩溶区的范围。

岩溶地貌的发育可以分为幼年期、壮年期、老年期三个阶段（高伟 等，2016），对应的典型溶蚀地貌分别为峰丛、峰林、坡立谷和残留孤峰。在我国西南地区，幼年期的岩溶地貌，峰丛通常成簇突起，中下部相连；中年期的岩溶地貌，峰林成群簇生，基部微微相连，各峰体相对峰丛更分开，高度更参差不齐；老年期的岩溶地貌主要为坡立谷（溶蚀平原），某些地方残留孤峰，岩溶孤峰为孤立的石灰岩山峰，个数较少，分布在溶蚀平原上或坡立谷底部。

香溪河流域内发育的地表岩溶形态丰富多样，溶沟、溶槽、石芽、岩溶洼地、落水洞、漏斗、溶丘、岩溶槽谷、岩溶峡谷等皆有发育。地下岩溶形态则发育有岩溶洞穴、岩溶泉、岩溶地下河等，区内的岩溶洞穴多为无水的干洞，洞长几十米至几百米不等，洞穴内石笋、石钟乳、石柱等洞穴沉积物形态多见。

香溪河流域洞穴规模中等，受岩性的控制，溶洞的发育表现出对碳酸盐岩岩组类型的选择性，其中寒武系—奥陶系溶洞发育程度最高。区内目前探明最长的地下暗河为发育于寒武系娄山关组的寨洞，长度为 677 m，洞口标高为 1 437 m；洞穴规模最大的为发育于二叠系栖霞组的昆岩洞，洞高和洞宽几米到几十米不等，目前探明最大长度为 331 m（探测由于遇到大型溶潭而受阻），洞口标高为 1 120 m。区内溶洞的发育方向多为北北东向和北北西向，与区域构造线一致，同时受本区构造运动间歇性抬升的影响，溶洞在垂向分布上成层性，溶洞集中发育于四个高程区，分别对应鄂西期、山原期、盆地期和峡谷期四个岩溶发育期（罗利川 等，2018），其中 800～1 200 m（盆地期）高程范围溶洞发育最多。从溶洞发育的构造部位来看，溶洞主要分布在宽缓向斜的东南翼及向斜核部，平面分布表现出分带性。该区溶洞多发育至早期就停止了进一步发育，其规模、类型、分布特征等与鄂西南地区溶洞均存在一定差异。

香溪河流域内各种岩溶形态分布广泛，各岩溶形态常彼此组合发育，在区内形成各种不同的岩溶地貌组合形态，主要包括丘丛洼地、溶丘槽谷、残丘盆地和溶峰峡谷等。在台原区，岩溶地貌主要为溶丘、峰丛，处于岩溶地貌发育的幼年期，多见岩溶洼地、漏斗、落水洞、溶蚀沟槽等地表岩溶形态。河谷地带多发育为峡谷地貌，香溪河最终从著名的西陵峡汇入长江。

2.4.2　岩溶分带特征

由于气候、水文、地层岩性、地质构造和新构造运动等条件的差异，中国南方和北方分别发育了两种完全不同的岩溶地貌形态组合。南方岩溶的基本形态以峰丛、峰林、溶蚀沟槽、洼地、落水洞、岩溶地下河、大型洞穴及大量次生沉积为主，而北方则以常态山、霜冻作用残余尖峰、灰岩角砾、溶痕、干谷、岩溶大泉、小型洞穴及少量次生沉积为主，两类岩溶以山东泰山—鲁山至秦岭为界（袁道先，1992），这两大类岩溶地貌形态组合在岩溶作用机制上也存在显著差异。

通过野外溶蚀试验研究表明，我国南方碳酸盐岩的地下溶蚀速率大于地表溶蚀速率，华北地区则是地下溶蚀速率小于地表溶蚀速率，我国在水平空间上存在两条重要的岩溶作用分界线：一是从南方到北方的南北岩溶过渡带，这一过渡地带与我国 800 mm 年降水线接近；二是从华北到西北的溶蚀沉淀过渡带，这一地带与我国 400～500 mm 年降水线接近（Luo et al., 2018b；梁永平 等，2007）。岩溶作用机制不仅在我国的地域空间上存在水平分带差异，而且在地形起伏较大的岩溶山区还存在明显的垂直分带差异。

本书选取香溪河流域内四个具有不同高程的试验点（孟家陵、黄粮、青华、峡口），以五种不同岩性的碳酸盐岩（融县组、灯影组、娄山关组、宝塔组、嘉陵江组）作为试验样品，设置地表和地下四个不同深度（1.5 m、0 m、−0.2 m、−0.5 m）的试验层位，进行为期三年多的野外溶蚀试验（图 2.7）。基于中国桂林标准试片（融县组）溶蚀结果与全国其他 28 个试验点的对比表明（图 2.8），我国南北岩溶过渡带的位置与秦岭—淮河南北分界线大致相当，在鄂西地区大致位于神农架地区，香溪河流域处于南北岩溶过渡带内。

通过对比不同高程试验点的地表及地下溶蚀速率发现，岩溶作用机制还存在垂向分带特征（Luo et al., 2018b）。在南北岩溶过渡带地形起伏较大的山区，存在一条岩溶垂向分界线，低海拔处的地下溶蚀速率大于地表溶蚀速率，更接近典型亚热带南方岩溶的溶蚀作用机制；在高海拔处，地下溶蚀速率小于地表溶蚀速率，溶蚀作用机制更接近温带华北地区。

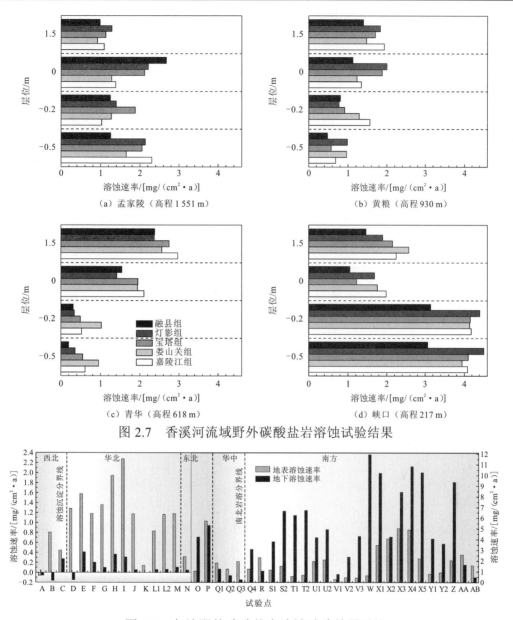

图 2.7　香溪河流域野外碳酸盐岩溶蚀试验结果

图 2.8　各地野外碳酸盐岩溶蚀试验结果对比

A-青海格尔木；B-宁夏同心；C-内蒙古乌海；D-山西神池；E-山西离石；F-山西万荣；G-甘肃平凉；H-陕西岐山；I-陕西蒲城；J-陕西彬县；K-陕西镇安（秦岭）；L1、L2-北京十渡；M-山东济南；N-辽宁本溪太子河；O-吉林长春；P-黑龙江伊春；Q1-湖北兴山孟家陵；Q2-湖北兴山黄粮；Q3-湖北兴山青华；Q4-湖北兴山峡口；R-贵州贵阳；S1、S2-贵州荔波茂兰；T1、T2-四川黄龙；U1、U2-云南昆明；V1-云南蒙自东山；V2-云南蒙自鸣鹫；V3-云南蒙自五里冲；W-云南石林；X1、X2、X3、X4、X5-广西桂林（X2、X3、X4 分别为 1993 年、1994 年、1995 年试验结果）；Y1、Y2-广西环江；Z-广西龙州弄岗；AA-广西柳州；AB-广东广州

其中，A、J、L1、M、O、P、R、U1、X1、Y1、AA、AB、AC 地区资料来源于袁道先等（1998）；K、L2、N、S1、T1、X2、X3、X4 地区资料来源于袁道先等（2002）；B、C、D、E、F、G、H、I、S2、T2、U2、V1、V2、V3、W、X5、Y2、Z 地区资料来源于梁永平等（2007）；Q1、Q2、Q3、Q4 地区资料来源于 Luo 等（2018b）

以秦岭—淮河为界，中国北方的岩溶水系统一般规模较大，含水岩组为泥质夹层较多的碳酸盐岩，含水介质以溶蚀裂隙为主，多以岩溶大泉的形式排泄，水文响应滞后，流量稳定，如山西的娘子关泉、郭庄泉、霍泉等；中国南方岩溶区多发育为地下河系，含水岩组多为质纯块状碳酸盐岩，含水介质中发育有大量的岩溶管道或洞穴，十分发育峰林和洼地等地表岩溶形态，水文响应灵敏，流量动态变化大，如广西都安的地苏地下河（张人权 等，2011；卢耀如 等，2006）。

香溪河流域的岩溶水天然集中排泄点的水文响应特征与岩溶地下河类似，但大部分的出露形态又类似岩溶泉，仅个别具有地下河的形态结构，岩溶水系统的规模总体较小。在区内调查发现的十余处较大型的岩溶泉和地下河中，人可以自由进入的洞穴长度往往只有几米至几十米，内部洞穴规模较小。

综合而言，香溪河流域虽然处于南北岩溶过渡带，但其岩溶发育具备典型南方岩溶的特点。香溪河流域位于南方岩溶区的北缘，受气候带和地质构造格局的影响，整体岩溶发育程度弱于西南地区，岩溶地貌发育的时期也相对年轻。

2.5　岩溶水系统划分

2.5.1　岩溶水系统概述

地质环境系统内部物质能量的分布格局、组织形式及组成要素（部分）之间相互作用、相互联系的方式与秩序称为地质环境系统的结构（徐恒力，2009）。地质环境系统是时间与空间的统一体，具有四维的性质，可分为空间结构和时间结构。岩溶水系统也属于一种地质环境系统。

空间结构指地质环境系统的实体形态、组构方面的空间特征，包括组分在空间的排列和配置。空间结构又可以分为硬结构和软结构。对于岩溶水系统而言，构成岩溶水循环空间的岩土体等固化的介质属于硬结构，渗流场、水化学场和温度场等属于软结构。

时间结构是指地质环境系统组成要素的状态、相互关系在时间流程中的关联方式和变化规律。地质作用和时-空结构三位一体，相互耦合，不可分割，反映了地质事件的发生与运行机制及其时-空定位；地质作用与时-空结构是一切地质现象的根本原因（於崇文，2007）。

地质环境系统的结构分析是认识地质环境系统的必要手段，探索地质环境系统演化规律的线索，更是解决和防范地质环境问题的基础。结构变化是地质环境系统演化的内在根据，也是系统功能改变的根本原因（徐恒力，2009）。

　　传统水文地质学理论难以解决不断涌现的复杂水文地质课题。以含水系统、地下水流系统为核心的当代水文地质学理论，为解决纷繁复杂的地下水资源—环境—生态—灾害问题，提供了整体性分析与处理问题的有力武器（张人权 等，2015）。将地下水系统理论运用到岩溶水研究时，岩溶水系统主要涉及三类系统：岩溶水文系统、岩溶含水系统、岩溶水流系统。首先需要厘清三类系统的概念与含义。

　　水文系统（hydrological system）的概念与地表水流域的概念是基本一致的。山峰、山脊和鞍部的连接线称为地面分水线；地面分水线包围的区域称为流域（芮孝芳，2004）。水文系统是地表水和地下水统一的水循环及水均衡单元，也是流域水资源评估及规划管理的基本单元。

　　含水系统（aquifer system）是由隔水或相对隔水边界圈围的，由含水层和相对隔水层组合而成、内部具有统一水力联系的含水岩系（梁杏 等，2015）。其中赋存的地下水，作为一个整体对外界的激励做出响应，是独立的地下水均衡单元，是地下水资源评估、开发及管理的基本功能单元（张人权 等，2015）。

　　地下水流系统（groundwater flow system）是由一个或多个补给区（势源）流向一个或多个排泄区（势汇）的流线簇（flow lines branch）构成的，时空有序相互作用的流动地下水体（梁杏 等，2015）。地下水流系统的时空结构性，表现为地下水水量均衡、水动力场、水化学场、水温度场、微生物场，以及地下水贮留时间（地下水年龄）等的有序分布。地下水流系统理论揭示了地下水流的结构性、耦合性及整体性。地下水流模式的时空结构，可以提供地下水体不同演变阶段、不同级次、不同部位（补给区、传输区及排泄区，浅部及深部）地下水水量、水质、滞留时间（年龄）及伴生现象与作用的时空分布信息。可以预测天然及人为环境变化时的系统行为，从整体上掌握地下水与其环境相互作用的机理，为研究区的水资源—生态—环境—灾害的管理及控制提供科学依据（张人权 等，2015）。

　　在我国南方岩溶区，地表水与地下水的转换关系复杂，岩溶水系统的划分也具有难度。本书的研究重点是岩溶水资源的形成、运移、分布机制及其评价方法，研究过程中同时涉及三个子系统，因此本书所指的岩溶水系统是三个子系统的泛称。

2.5.2　岩溶水系统边界的确定

岩溶水系统的划分具有级次性，目前南方岩溶水系统划分一般以区域地表水系为基础，按干流与支流关系逐级划分。在区域上，长江流域构成一级岩溶水系统，香溪河流域为二级岩溶水系统，高岚河流域与古夫河流域为三级岩溶水系统，本书研究的岩溶水系统为高岚河流域与古夫河流域内更次一级小规模尺度上的岩溶水系统。

香溪河流域具有以下地质环境特点：碳酸盐岩与非碳酸盐岩地层呈多层状分布，碳酸盐岩地层的空间形态、分布高程及连续性受构造变动影响而产生显著差异，地形深切，河网及沟谷密布。据此，以含水岩组与隔水岩组的空间组合关系、地表水文网与深切沟谷的切割、地表及地下分水岭等，作为确定本区岩溶水系统边界的主要依据。

（1）含水岩组与隔水岩组的空间组合关系。根据地层含水性分析，确定区内三大岩溶含水系统为上震旦统岩溶含水系统、下寒武统—奥陶系岩溶含水系统、二叠系—下三叠统岩溶含水系统。由于地层接触或断层错动的关系，太古界水月寺群、下寒武统、志留系、侏罗系的变质岩及碎屑岩类与碳酸盐岩地层接触部位构成岩溶水系统的隔水边界。

（2）地表水文网与深切沟谷的相互配合。由于地形深切，多层岩溶含水层直接暴露于深沟崖壁上，沿隔水底板一线形成接触泉排泄；地表水系局部深切至区域隔水底板，构成区内岩溶水系统的最低排泄基准面。地表水系及深切沟谷多构成区内岩溶水系统的排泄边界。

（3）地表及地下分水岭的存在。区内局部地区地下分水岭与地表分水岭大致相当，地表分水岭即可构成岩溶水系统的边界；在地下分水岭与地表分水岭不一致的区域，地下分水岭构成系统的零通量边界。

按照岩溶水系统划分原则，以高岚河流域为例，对典型岩溶水系统进行划分[图 2.9（图版 III）]。其中，高岚河谷及其支流沟谷成为众多岩溶水子系统的排泄边界，含水岩组与隔水岩组的接触线一带多构成岩溶水系统的隔水边界。相比于北方岩溶水系统，区内岩溶水系统规模一般较小。分散排泄型岩溶水系统排泄标高较高，单个泉点流量小，总泉流量也小，说明岩溶水只有小部分以岩溶泉的形式排泄，其他大部分直接排泄进入地表水系；集中排泄型岩溶水系统以岩溶大泉或岩溶地下河的形式排泄，总泉流量基本代表系统内地下水的排泄总量。

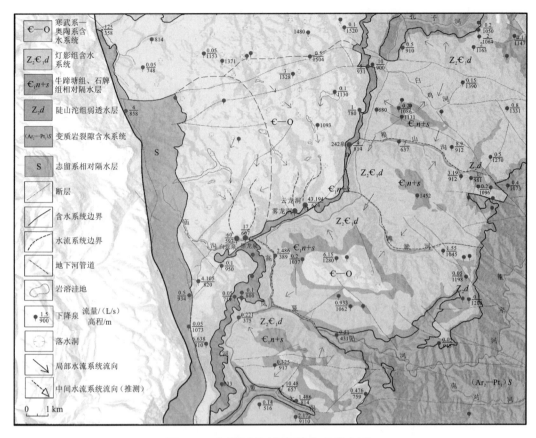

图 2.9　高岚河流域岩溶水系统划分

2.5.3　几种典型岩溶水系统的地质结构

前人在研究中国南方和北方岩溶水系统分类时，主要考虑了地层岩性组合、地质构造类型、岩溶含水介质、岩溶水循环深度和周期、岩溶水埋藏条件、岩溶水径流方式、岩溶水排泄条件、岩溶发育特征、岩溶水系统成因、岩溶水动态变化特征等因素，分类命名中主要依据岩溶水埋藏条件、岩溶含水介质、岩溶水径流方式和岩溶水排泄条件等因素（黄春阳 等，2013；梁永平 等，2010，2005；王伟 等，2010；裴建国 等，2008；梁杏 等，2007；Han et al.，2006；王宇，2003；万军伟 等，1998；沈继方 等，1994）。

针对香溪河流域岩溶水系统的地质结构特征，本书主要采用了岩溶含水岩组、岩溶含水介质、系统空间结构、系统平面形态、岩溶水排泄方式、岩溶水主径流方向、岩溶泉成因、地貌类型等因素对系统进行分类，分类命名中主要依据岩溶含水岩组、空间结构和岩溶水排泄方式的差异，将岩溶水系统概化为四种类型：双层集中排泄型、单层集中排泄型、双层分散排泄型、单层分散排泄型。总体而言,香溪河流域既发育管道-裂隙集中排泄型岩溶水系统,也发育裂隙分散排泄型岩溶水系统,不同的系统类型在地质结构上呈现出很大差异。

1. 双层集中排泄型

该类系统的岩溶含水层主要由寒武系—奥陶系碳酸盐岩构成,下伏下寒武统石牌组与牛蹄塘组泥岩及页岩构成系统的隔水底板,由于覃家庙组一段泥质白云岩在局部地段形成弱透水层,表现为上下双层结构(图 2.10)。如果忽略覃家庙组一段形成的弱透水层,该模式也可概化为单层结构。

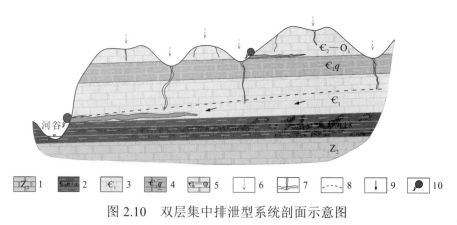

图 2.10　双层集中排泄型系统剖面示意图

1-上震旦统;2-下寒武统石牌组和牛蹄塘组;3-下寒武统;4-中寒武统覃家庙组;5-中寒武统—下奥陶统;
6-大气降水补给;7-溶蚀管道及溶蚀裂隙;8-虚拟地下水位;9-地下水流向;10-岩溶泉

上层系统补给区为台原型溶丘洼地地貌,发育大量岩溶洼地、岩溶漏斗、落水洞等。含水层由奥陶系石灰岩和寒武系娄山关组白云岩构成。岩溶管道、溶蚀裂隙十分发育。在岩溶洼地或槽谷边缘,覃家庙组与娄山关组分界线附近,有岩溶泉或地下河出露,如出露于兴山县榛子乡附近的寨洞。上层岩溶水出露后,水流再次汇集于岩溶槽谷、岩溶洼地底部,经落水洞补给下层系统。

下层岩溶水在径流过程中遇到下伏石牌组隔水层阻隔后,最终形成接触下降成因的岩溶泉。该类系统的补给与排泄都相对集中,大气降水补给系数大,泉流量受降水影响明显,水文响应快,地下水量丰富。该类型是香溪河流域内最普遍和最重要的岩溶水系统类型,典型代表有青龙口、云龙洞和雾龙洞等岩溶水系统,南方岩溶地下河系统也多与此类型相似,因此在第 3 章至第 9 章的分析中着重讨论该类型。

2. 单层集中排泄型

该类岩溶水系统的含水层由二叠系—三叠系石灰岩和白云岩构成,主要分布于秭归向斜的东翼，地层向西呈单斜状展布，地层倾角为 22°～49°，形成坡度较陡的单斜峰，因此大部分地区被三叠系嘉陵江组石灰岩及白云岩覆盖，补给区与排泄区的相对高差为 1 000～1 300 m。

二叠系—三叠系碳酸盐岩东西两侧分别为侏罗系与志留系泥岩或粉砂岩，平面上地层呈条带状南北向展布，侏罗系与志留系形成了东西两侧稳定的隔水边界（罗明明 等，2015a）。在单斜山顶部为峰丛洼地地貌，海拔 1 500～1 600 m，发育大量岩溶洼地、落水洞、溶蚀沟槽、石芽等岩溶形态，大部分大气降水通过岩溶洼地和落水洞补给地下水；在单斜峰坡面地区，由于山体坡度较大，只有部分大气降水补给进入含水层，大部分通过地表产流进入地表水系，因此在单斜峰坡面上可见大量由坡面流冲刷和溶蚀而形成的溶蚀沟槽。岩溶水主要赋存、运移在由裂隙和管道组成的导水网络中，地下水顺地层倾向由东往西汇流，在碳酸盐岩与非碳酸盐岩分界线附近的地势低洼处形成溢流下降成因的岩溶泉（图 2.11），如出露于昭君镇附近的响龙洞。该类系统的补给范围广，地下水位埋深大，泉流量与降水关系密切，动态变化大，地下水量较丰富。

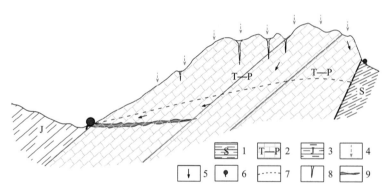

图 2.11　单层集中排泄型系统剖面示意图

1-志留系；2-二叠系—三叠系；3-侏罗系；4-大气降水补给；5-地下水流向；
6-岩溶泉；7-虚拟地下水位；8-落水洞；9-岩溶管道

3. 双层分散排泄型

该类岩溶水系统在平面上形似一座孤岛，中间高，四周低，呈现出二级阶梯状，高岚河及其支流沟谷构成系统南、北、西三面的排泄边界，南华系和水月寺群隔水底板构成系统东侧的隔水边界。系统呈现出明显的双层结构，下寒武统牛蹄塘组和石牌组泥岩在空间上将系统分隔为上下两个独立的子系统（图 2.12）。上层子系统含水岩组为寒武系天河板组泥质条带灰岩、石龙洞组白云岩、覃家庙组白云岩夹泥岩，地层倾向为北西西向，倾角为 11°～17°，厚度为 100～300 m，个别系统由于顶部强烈剥蚀，仅残留天河板组；下层子系统含水岩组为上震旦统—下寒武统灯影组白云岩及石灰岩，地层倾向为北西西向，倾角为 9°～24°，厚度为 700～800 m。

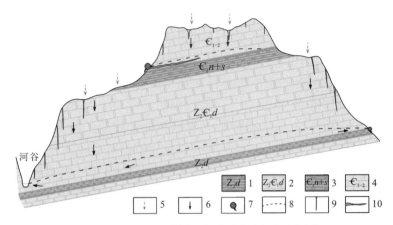

图 2.12　双层分散排泄型系统剖面示意图

1-上震旦统陡山沱组；2-上震旦统—下寒武统灯影组；3-下寒武统牛蹄塘组和石牌组；
4-下寒武统—中寒武统；5-大气降水补给；6-地下水流向；7-岩溶泉；8-虚拟地下水
位；9-溶蚀裂隙；10-岩溶管道

上层子系统顶部发育有岩溶洼地，接受大气降水补给，沿溶蚀裂隙或岩溶管道径流，导水能力强，径流途径较短，最终沿天河板组与石牌组分界线一带形成接触下降泉，呈分散式排泄，泉点个数较多但流量均较小。在上层子系统的补给区，入渗补给量大，雨季地下水量丰富。

下层子系统与上层子系统由于石牌组稳定的隔水作用而水力联系微弱，其补给区位于孤岛外环碳酸盐岩裸露区，接受大气降水和上层岩溶水子系统排泄泉水的补给，含水介质以裂隙为主，岩溶水主要沿溶蚀裂隙网络径流；部分岩溶水在灯影组与陡山沱组分界线一带形成接触下降岩溶泉排泄；在高岚河及其支流的河谷两侧，灯影组垂向溶蚀裂隙极其发育，沿河谷一带出露泉点少，总泉流量小，绝大部分岩溶水直接向高岚河排泄。下层子系统由于补给受限和孤岛外围地形陡峭，大气降水入渗量有限，水量偏小（罗明明 等，2014）。

4. 单层分散排泄型

该类岩溶水系统在平面上形似一座孤岛，中间高，四周低，地表水系及沟谷构成系统外周界的排泄边界。含水岩组为上震旦统—下寒武统灯影组纹层为石灰岩及白云岩，位于黄陵断穹的西北翼，地层倾向为西向，倾角 10°～17°，含水层厚度为 800～900 m，此类个别岩溶水系统在孤岛顶部残留小面积的寒武系石牌组和牛蹄塘组泥岩。

在孤岛顶部未见岩溶洼地分布，发育有较多小型溶蚀沟槽，大气降水主要通过溶蚀裂隙补给进入岩溶含水层，岩溶水主要赋存于溶蚀裂隙中，岩溶水沿裂隙网络向四周呈放射状散流。在灯影组与陡山沱组分界线一带形成较多接触下降岩溶泉，流量均较小，未见岩溶大泉，总体呈分散排泄状；在含水岩组与地表水系直接接触的地段，大部分岩溶水直接排泄进入地表水系（图 2.13）。在沟谷两岸，地形陡峭，灯影组发育大量垂向溶蚀裂隙，表明大气降水的地表产流量较大，因此在该类系统的补给区入渗补给量一般，总体地下水量中等（罗明明 等，2014）。

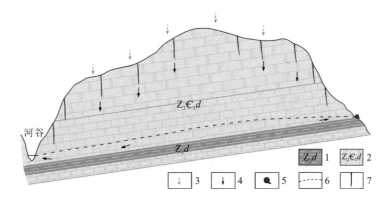

图 2.13　单层分散排泄型系统示意图

1-上震旦统陡山沱组；2-上震旦统—下寒武统灯影组；3-大气降水补给；
4-地下水流向；5-岩溶泉；6-虚拟地下水位；7-溶蚀裂隙

第 *3* 章

多级次岩溶水流系统

3.1　古夫宽缓向斜区概况

对岩溶水系统时-空结构的认识与刻画，是基础性调查工作。它具有挑战性，成为解决具体岩溶水文地质问题的关键。岩溶水系统的划分和地质结构的研究是水均衡分析，水资源潜力评价，计算岩溶水的补给、径流和排泄量的基础（肖紫怡 等，2016；劳文科 等，2009；党学亚 等，2007；陈植华，1991；张人权 等，1991）。岩溶水系统硬结构的发育主要受地质结构（构造、岩性组合结构等）的控制（梁杏 等，2015）。但是，岩溶水系统内部是由洞穴、管道、裂隙、孔隙等多重介质构成的复杂空间，精确识别与刻画仍然是一个挑战与难点（Mudarra et al.，2014；Charlier et al.，2012；Goldscheider et al.，2007；Clifford et al.，2007）。

本节以古夫宽缓向斜区为例，讨论岩溶水系统的级次性，综合利用稳定同位素和水化学辨识岩溶山区多级次岩溶水流系统的结构及其水动力特征。

古夫宽缓向斜位于黄陵断穹与神农架断穹的过渡地带，由于两个断穹的窿起而形成北东轴向的宽缓向斜 [图 2.4，图 3.1（图版 IV）]。古夫宽缓向斜在香溪河流域中部形成一个巨大的地下水储水构造，核部主要由寒武系—奥陶系岩溶含水层构成（图 3.2）。寒武系—奥陶系岩溶含水层分布区的岩溶化程度较高，地表岩溶洼地和落水洞遍布，形成大气降水的主要补给通道。

研究区出露有多个常年性的岩溶泉 [图 3.3（图版 IV）]。响水洞是香溪河流域内最大的岩溶泉，年平均流量为 0.8 m³/s，排泄点标高为 304 m，是研究区内排泄标高最低的岩溶泉。在响水洞东南方位约 1.8 km 处出露有水磨溪泉，年平均流量为 0.15 m³/s，排泄点标高为 349 m。响水洞与水磨溪泉均出露于河床附近，但响水河与水磨溪两条地表河流在枯水期的流量极小，可以认为响水洞与水磨溪泉是其临近含水层的主要排泄点。在寒武系—奥陶系岩溶含水层更高的位置，还出露有其他几个岩溶泉（李然 等，2015），包括青龙口、红岩泉、燕子洞、老龙洞和鱼泉洞等，它们的平均流量为 0.01~0.12 m³/s。与雾龙洞类似，响水洞、老龙洞、红岩泉和青龙口都被直接用作山区直引式小水电工程的引水水源。

在研究过程中，在响水洞西南方位 1.6 km 处的响水河河床中，于 2014 年实施完成了一个孔深 300 m 的水文地质钻孔（ZK03）（图 3.1）。ZK03 钻孔揭露了深层岩溶水，其水化学特征与其他岩溶泉具有明显的差异。ZK03 孔口高程 248 m，高于其临近的响水河河床底部 2 m。钻孔的出水段位于标高 140~158 m 和 90~101 m，自流涌水量为 8.5 L/s，涌水的水头标高为 268 m，高于孔口 20 m。钻孔涌水喷出地面的特征说明其可能来源于区域岩溶水流系统，在排泄区呈现上升水流（Tóth，2009）。三峡库区的水位变化为 145~175 m，为区域最低排泄基准面。由于 ZK03 钻孔出水段的标高低于库区水位，即径流通道的位置低于区域最低排泄基准面，也说明其可能来源于区域岩溶水系统，在 3.2 节至 3.5 节中将进一步分析验证。

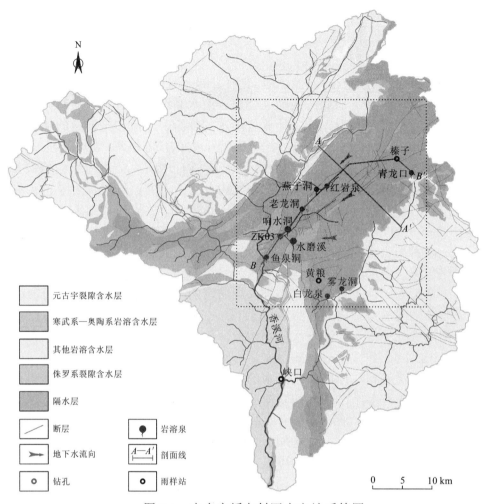

图 3.1　古夫宽缓向斜区水文地质简图

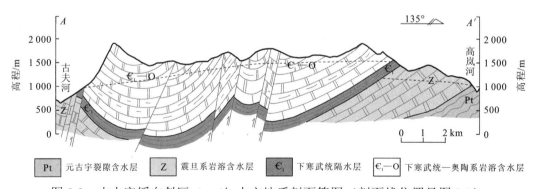

图 3.2　古夫宽缓向斜区 *A—A′* 水文地质剖面简图（剖面线位置见图 3.1）

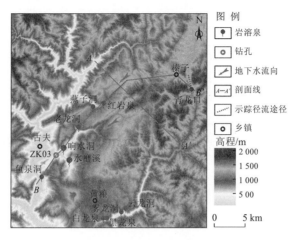

图 3.3 古夫宽缓向斜区地形简图

3.2 补给高程及循环深度

研究过程中，在香溪河流域不同的高程位置布置了三个大气降水采样点，分别为峡口站（195 m）、黄粮站（888 m）和榛子站（1 313 m）（图 3.1，图 3.3）。在 2014 年 4 月至 2015 年 12 月，针对每次降水事件采集了单独的次降水样。在 2013 年 9 月至 2015 年 12，在水磨溪泉、响水洞和 ZK03 钻孔采集月度地下水样品，进行水化学和稳定氢氧同位素分析。

水样测试在教育部长江三峡库区地质灾害研究中心水化学分析试验室完成，阳离子采用等离子体发射光谱仪 ICP-OES（iCAP6300）进行测试，测试精度为 0.001 mg/L；阴离子采用离子色谱仪（ICS-2100）进行测试，SO_4^{2-}、Cl^-、NO_3^-、F^- 的测试精度为 0.001 mg/L。HCO_3^- 采用酸式滴定法在野外采样当天完成。所有离子的误差分析均小于 5%。大气降水和地下水样品的稳定氢氧同位素采用中国地质大学(武汉)地质调查试验中心的液态水稳定同位素分析仪（LGR IWA-45EP）进行测试，基于 VSMOW 标准用 δD 和 $\delta^{18}O$ 表示，测试的典型精度分别为 0.3‰ 和 0.08‰。

在山区，大气降水中的 δD 和 $\delta^{18}O$ 随着高程的增加而减小，因此可以利用平均同位素高度来示踪地下水的补给区域（Barbieri et al.，2005；O'Driscoll et al.，2005；Marechal et al.，2003）。平均补给高程的计算公式如下：

$$H = \frac{\delta_G - \delta_P}{K} + h \tag{3.1}$$

式中：H 为地下水的补给高程,m；h 为参考点雨量站的高程,m；δ_G 为地下水中 $\delta^{18}O$ 平均值；δ_P 为参考点降水的 $\delta^{18}O$ 平均值；K 为 $\delta^{18}O$ 的高度梯度，$-$‰/m。

通过分析三个大气降水采样点的降水同位素值，经线性拟合后得到香溪河流域的大气降水线为 $\delta D=8.17\delta^{18}O+13.38$（黄荷 等，2016），这与全球大气降水线（GMWL：$\delta D=8\delta^{18}O+10$）（Craig，1961）和我国的大气降水线（$\delta D=7.9\delta^{18}O+8.2$）（郑淑蕙 等，1983）都较为接近。水磨溪泉、响水洞和 ZK03 钻孔的 δD 和 $\delta^{18}O$ 都分布在当地大气降水线的附近（图 3.4），说明这些地下水均来源于当地大气降水的补给。水磨溪泉与响水洞的氢氧同位素值分布很分散，但其同位素斜率与当地大气降水线的斜率均较为接近；而 ZK03 钻孔地下水的同位素值分布相对集中，其斜率（1.68）明显当地小于大气降水线和另外两处地下水点的斜率（图 3.4）。ZK03 钻孔地下水极低的斜率呈现出"^{18}O 平移"现象（Criss，1999），可能预示着在深循环岩溶水系统中地下水与碳酸盐岩围岩发生了氧同位素交换。

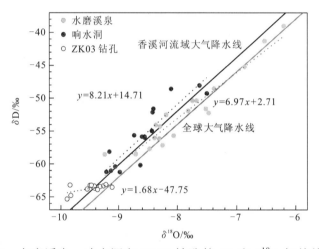

图 3.4　水磨溪泉、响水洞和 ZK03 钻孔的 δD 和 $\delta^{18}O$ 相关关系图

在 2014 年 8 月至 2015 年 8 月，对同时出现在黄粮站和榛子站的 13 次区域性降水事件进行取样分析，黄粮站 $\delta^{18}O$ 的加权平均值为 $-7.14‰$，榛子站 $\delta^{18}O$ 的加权平均值为 $-8.16‰$。黄粮站和榛子站的高程分别为 888 m 和 1 313 m，计算得出两地之间的 $\delta^{18}O$ 平均高度梯度为 $-2.4‰/km$，这与中国西南地区的 $\delta^{18}O$ 平均高度梯度（$-2.6‰/km$）（于津生 等，1980）很接近，计算值也处在世界统计值（$-1.5‰/km \sim -5‰/km$）(Clark et al.，1997) 的范围内。据黄粮站 2014 年 4 月至 2015 年 12 月 63 次降水事件的统计，大气降水 $\delta^{18}O$ 的加权平均值为 $-8.17‰$。以黄粮站为降水参考点，则研究区地下水 $\delta^{18}O$ 平均值与其补给高程（H）的关系如下：

$$\delta^{18}O=-0.0024H-6.04 \qquad (3.2)$$

将式（3.2）用于计算水磨溪泉、响水洞和 ZK03 钻孔地下水的平均补给高程（表 3.1）。排泄点的出露高程和其补给高程可以揭示不同地下水系统间的径流途径和循环深度。水磨溪泉的出露高程为 349 m，其平均补给高程为 760 m，推测其来源于研究区东侧海拔较低的补给区，代表了浅循环和短径流途径的局部岩溶水系统。响水洞的平均补给高程高于水磨溪泉，其补给区可能位于研究区东北部平均高程为 1 060 m 的区域（图 3.3）。ZK03 钻孔地下水的平均补给高程为 1 430 m，其补给区最可能位于研究区东北部，距离排泄点 17 km 以外的海拔较高的山区（图 3.3），代表了深循环和长径流途径的区域岩溶水系统。

表 3.1　各排泄点的地下水平均补给高程计算结果

名称	出露高程/m	$\delta^{18}O$ 平均值/‰	平均补给高程/m	循环深度/m
水磨溪泉	349	-7.87	760	411
响水洞	304	-8.58	1 060	756
ZK03 钻孔	248*	-9.48	1 430	1 182

注：各排泄点的 $\delta^{18}O$ 平均值为基流条件下采集的月度样品的算术平均值；*为孔口高程，m。

3.3　地下水平均滞留时间

线性水库模型（Goldscheider et al.，2007；Frederickson et al.，1999）利用大气降水的氢氧同位素时间序列数据可预测岩溶水同位素特征的时间变化过程，同时可以计算地下水的平均滞留时间。在线性水库模型中（图 3.5），单次降水的补给增量被依次添加进入一个混合均匀的水箱中，水箱的输出流量由储存量按指数方程形式衰减。

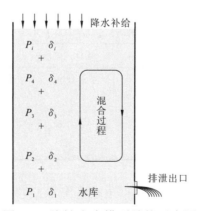

图 3.5　线性水库模型结构示意图

基于连续的次降水量和其同位素值，岩溶水中的同位素变化过程可通过同位素平均滞留时间（τ'）来进行预测（Stueber et al.，2005）。计算公式如下：

$$\delta_t = \frac{\sum P_i \delta_i \mathrm{e}^{-t_i/\tau'}}{\sum P_i \mathrm{e}^{-t_i/\tau'}} \qquad\qquad (3.3)$$

式中：P_i 为次降水量；δ_i 为次降水的同位素值；t_i 为次降水的衰减历时。

　　大气降水中的 δD 和 $\delta^{18}O$ 具有明显的季节变化特征，在研究区的年变幅分别为 143‰ 和 18.0‰（图 3.6，表 3.2）。岩溶水中的同位素季节性变幅发生了严重的衰减，但是其年度变幅仍然存在，最高值出现在夏季，最低值出现在冬季（图 3.6，表 3.2）。在 ZK03 钻孔揭露的深循环系统中，相比于两个岩溶泉，其同位素的季节变幅明显偏小。

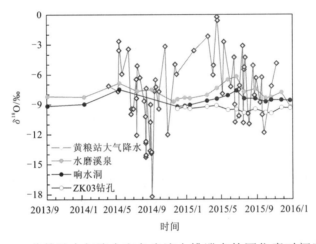

图 3.6　黄粮站大气降水和各岩溶水排泄点的同位素时间序列

表 3.2　同位素季节变幅和地下水平均滞留时间

名称	δD 变幅/‰	$\delta^{18}O$ 变幅/‰	地下水平均滞留时间（τ'）
黄粮站降水	143	18.0	—
水磨溪泉	20	3.0	230 d
响水洞	13	1.6	320 d
ZK03 钻孔	2	0.8	约 2 a

　　黄粮站的各次降水量及其对应的同位素值作为线性水库模型的输入端[式(3.3)]，通过调整模型参数 τ' 来预测岩溶水的同位素变化过程，最优拟合参数为地下水的平均同位素滞留时间。通过计算可得，水磨溪泉的地下水平均滞留时间为 230 d，响水洞的地下水平均滞留时间为 320 d，随着同位素的季节变幅变小，地下水平均滞留时间变长（图 3.7，表 3.2）。ZK03 钻孔地下水的同位素没有明显的季节性

波动，与降水的同位素季节变化规律没有对应性。包气带对系统输入信号有非常明显的滤波作用（O'Driscoll et al.，2005；DeWalle et al.，1997）。如果地下水中的同位素没有明显的季节波动出现，这预示其平均滞留时间较长，经历了比较强烈的混合和滤波过程，ZK03 钻孔地下水的长径流途径和深循环过程便会有这样的结果出现。尽管模拟中不能捕捉到 ZK03 钻孔地下水中的同位素时间变化规律，但通过拟合其季节变幅的绝对值，可以粗略地估算其平均滞留时间约 2 a，而实际的地下水滞留时间可能比 2 a 更长。

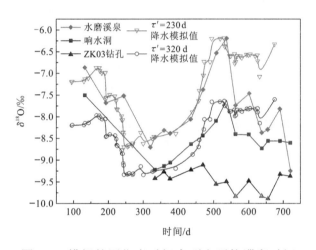

图 3.7　模拟的同位素时间序列和平均滞留时间

3.4　水岩作用差异

地下水的水化学特征为辨识不同级次的岩溶水系统提供更多关于水文地球化学方面的证据。ZK03 钻孔地下水中与碳酸盐岩溶解相关的离子组分浓度在水磨溪泉、响水洞、ZK03 钻孔三个排泄点中是最高的，包括 Ca^{2+}、Mg^{2+}、HCO_3^-（表 3.3）。ZK03 钻孔地下水的水化学类型为 $HCO_3 \cdot SO_4$—$Ca \cdot Mg$ 型，富含 SO_4^{2-}、F^-、Sr^{2+}，说明 ZK03 钻孔中来自深部的地下水经历了充分的水岩相互作用。水磨溪泉、响水洞两个岩溶泉中与碳酸盐岩溶解相关的离子组分浓度均低于 ZK03 钻孔，但两者各离子浓度的相对比例仍有差别。水磨溪泉比响水洞的 Ca^{2+} 浓度高，而 Mg^{2+} 浓度偏低，因为水磨溪泉主要来源为由奥陶系石灰岩构成的岩溶含水层，而响水洞的含水层主要由寒武系白云岩组成。

前人的研究表明，浅循环的岩溶水系统极易受人类活动的影响，如人类农业活动产生的面源污染（周彬 等，2016；Hasenmueller et al.，2013；Ghasemizadeh et al.，2012；Williams et al.，2006；Bakalowicz，2005；Perrin et al.，2003）。水磨溪泉

和响水洞都受到了不同程度的人类活动污染，其中硝酸盐污染较为明显。在研究区海拔较低的区域，是当地居民生活的主要场所，耕地分布比较集中，农业活动极为频繁，因此平均补给高程更低的水磨溪泉受污染更严重，NO_3^-、Cl^-、Na^+ 等更加富集（表 3.3），水磨溪泉中还检测出了主要由人类活动污染产生的 PO_4^{3-}。

表 3.3　各排泄点的水化学组分平均值

排泄点	K^+ 浓度/ (mg/L)	Na^+ 浓度/ (mg/L)	Ca^{2+} 浓度/ (mg/L)	Mg^{2+} 浓度/ (mg/L)	Sr^{2+} 浓度/ (mg/L)	SO_4^{2-} 浓度/ (mg/L)	Cl^- 浓度/ (mg/L)
水磨溪泉	3.1	4.7	79.4	12.5	0.2	39.9	5.4
响水洞	1.1	1.6	55.5	17.2	0.1	20.3	2.8
ZK03 钻孔	2.1	1.5	97.3	35.4	1.5	150.6	1.9

排泄点	HCO_3^- 浓度/ (mg/L)	NO_3^- 浓度/ (mg/L)	F^- 浓度/ (mg/L)	TDS/ (mg/L)	EC/ (μS/cm)	γMg/γCa
水磨溪泉	247.3	16.9	0.2	285.6	378	0.26
响水洞	233.4	9.3	0.1	224.5	319	0.51
ZK03 钻孔	336.2	0.7	1.3	458.2	570	0.60

注：各排泄点的水化学指标的平均值来源于 2014 年 12 月至 2015 年 12 月各月度样品的算术平均值；TDS 为溶解性总固体（total dissolved solids）；EC 为电导率（electrical conductivity）；γMg/γCa 为 Mg^{2+} 与 Ca^{2+} 毫克当量浓度比值

Mg^{2+} 浓度是一个可以判断地下水相对滞留时间长短的指示剂，特别是在含镁矿物（如白云石）丰富的岩溶水系统中具有较好的应用效果（Appelo et al.，2005；Batiot et al.，2003）。在水岩相互作用过程中，Mg^{2+} 的溶解慢于 Ca^{2+} 的溶解，当 Mg^{2+} 浓度或者 γMg/γCa 越高，说明地下水的平均滞留时间就越长（Goldscheider et al.，2007）。水磨溪泉和响水洞均来源于海拔较低的补给区，循环深度较小，其 γMg/γCa 和 Mg^{2+} 浓度都较低；而补给高程最高的 ZK03 钻孔地下水，γMg/γCa、HCO_3^- 和 Mg^{2+} 浓度都最高。由于更长的径流途径和更长的水岩相互作用时间，ZK03 钻孔地下水中的 TDS 和电导率也是最高的。

水化学组分与 $\delta^{18}O$ 的相关关系揭示了不同级次岩溶水系统内部更多的水岩作用特点（图 3.8）。在水磨溪泉和响水洞中，TDS 和与碳酸盐岩溶解相关的水化学组分均随着 $\delta^{18}O$ 的增大而减小，而 ZK03 钻孔地下水却呈现相反的规律（图 3.8）。水磨溪泉和响水洞在夏季接收了大量高 $\delta^{18}O$ 的降水补给，对浅循环的岩溶水系统产生了明显的稀释作用，所以水化学组分与 $\delta^{18}O$ 呈现负相关关系。在雨量丰富的夏季，洼地汇流等集中补给带入了大量的人类活动产生的污染物（如 NO_3^-）到局部岩溶水系统，因此高 NO_3^- 浓度与高 $\delta^{18}O$ 同时出现在夏季，两者呈现正相关关系（图 3.8）。与局部岩溶水系统相反，ZK03 钻孔地下水中几乎所有的离子都与 $\delta^{18}O$ 呈正相关关系（图 3.8），溶滤作用导致离子组分浓度不断增加，$\delta^{18}O$ 也在增加，说明滞留时间越长，水岩相互作用产生的 ^{18}O 交换也越多（图 3.4，图 3.8）。ZK03 钻孔地下水的平均滞留时间最长，因此其有足够的时间提供给地下水与碳酸盐岩发生 ^{18}O 交换，从而形成 "^{18}O 平移" 现象（图 3.4）。

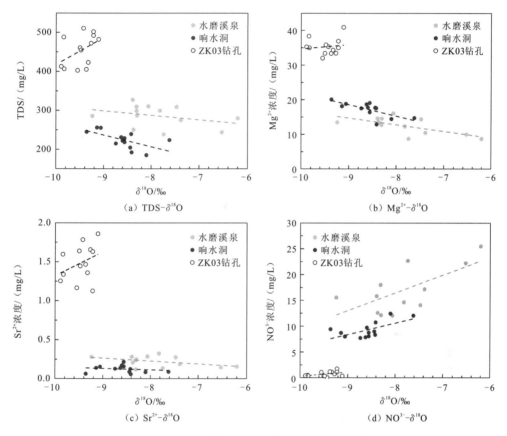

图 3.8　水化学组分与 $\delta^{18}O$ 的相关关系图

3.5　多级岩溶水流系统概念模型

在古夫宽缓向斜区，通过地下水人工示踪试验，确定了几个局部岩溶水系统的主径流通道，包括青龙口、红岩泉和老龙洞等（图 3.9，表 3.4）。

在试验实施中，当暴雨过后在落水洞口汇集坡面流时，示踪剂在落水洞投放进入含水层中，代表了丰水期的试验条件。在暴雨集中补给事件之后，快速流在这些径流通道中所经历的运移时间都非常短，只有几至几十个小时。例如，2014 年

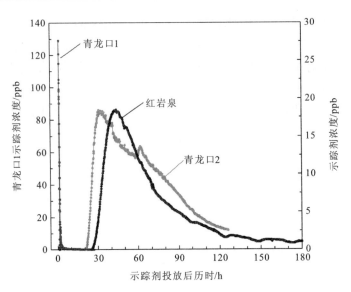

图 3.9　青龙口和红岩泉示踪试验的示踪剂浓度历时曲线

表 3.4　青龙口、老龙洞和红岩泉地下水示踪试验结果

	青龙口 1	青龙口 2	老龙洞	红岩泉
投放时间	2014/8/29	2014/9/03	2015/8/18	2015/9/24
示踪剂	荧光素钠	罗丹明	荧光素钠	荧光素钠
投放量/kg	1	1	1	3
平面距离/m	1 670	2 200	1 250	5 730
初次检出时间/h	1.1	21.0	73.1	24.8
峰值运移时间/h	1.3	34.0	106.8	43.8
最大流速/（m/h）	1518	105	17	231
平均流速/（m/h）	1276	65	12	131
峰值浓度/ppb[①]	131.6	18.9	29.8	18.5

　　8 月 29 日，将距离青龙口约 1.7 km 远的落水洞作为投放点，暴雨后产生了约 1.5 m³/s 的流量注入落水洞中，1 kg 荧光素钠被投放进入落水洞中，1.1 h 后在青龙口首次检测到了示踪剂，1.3 h 后达到峰值浓度 131.6 ppb，计算得到的平均地下水实际流速为 1 276 m/h（图 3.9，表 3.4）。这些暴雨集中补给事件后人工示踪试验所确定的地下水流速一般为几十到几百米每小时，最大实际流速达到 1 518 m/h，说明存在岩溶化程度较高的岩溶管道，集中补给后产生的快速流也极易携带地表大量的污染物进入岩溶水系统。

① ppb ＝ 10⁻⁹

古夫宽缓向斜区岩溶水的水动力、水化学和稳定同位素特征是相互关联和相互佐证的，共同刻画研究区多级岩溶水系统的概念模型。通过对比发现，ZK03 钻孔地下水比水磨溪泉、响水洞两个岩溶泉的补给高程要高，循环深度更大（图 3.10）。同时，ZK03 钻孔地下水具有更高浓度的 TDS、Ca^{2+}、Mg^{2+}、Sr^{2+}、HCO_3^-、SO_4^{2-} 和 $\gamma Mg/\gamma Ca$ 等。ZK03 钻孔地下水在更长的径流途径和更深的水文循环中，地下水经历了更强烈的水岩相互作用（Luo et al.，2016a）。ZK03 钻孔出水段高程为 90～101 m 和 140～158 m，低于三峡库区的区域最低排泄基准面高程（145～175 m）。

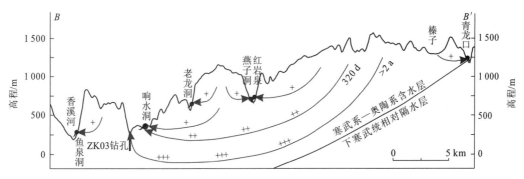

图 3.10　B—B′ 剖面多级岩溶水流系统概念模型图（剖面线位置见图 3.1）

综合结果表明，ZK03 钻孔揭露的深部地下水是区域岩溶水系统的一部分（图 3.10）。氢氧同位素和水化学特征指示水磨溪泉和响水洞是来自浅层岩溶水系统，从循环深度、地下水滞留时间、水岩相互作用强度等方面说明其为较开放的岩溶水系统，对系统输入信号的响应灵敏，受人类活动的干扰大。根据 Tóth（2009，1963）提出的地下水流系统模式，ZK03 钻孔揭露了区域岩溶水流系统，而其他岩溶泉均趋近于局部岩溶水流系统（图 3.10）。

地下水的水化学组成由补给源和水岩相互作用强度共同控制。局部岩溶水流系统由于径流途径短、地下水流速度快、水岩相互作用时间短，因此矿化度低，系统对输入信号的响应快。岩溶化程度较高的表层岩溶带和浅部岩溶层为大气降水补给提供了通畅的补给通道，因此局部岩溶水流系统对降水事件的响应十分灵敏，也能较好地保存输入信号的时间序列特征。而来自更高、更远处补给的区域岩溶水系统，经历了较长的深循环过程，地下水流速度慢，有充足的时间与围岩发生水岩作用，且其储水空间大，输入信号被高度滤波后大幅衰减。区域岩溶水流系统相对局部岩溶水流系统，其岩溶发育强度偏弱，介质的渗透系数更低，集中补给事件对区域岩溶水流系统的影响小，所以人类活动对它的干扰也较小。

　　在整个香溪河流域，除了 ZK03 钻孔揭露的区域岩溶水系统具有北方岩溶大泉的系统响应特征，其他岩溶泉都呈现典型南方岩溶水系统的响应特征。这些局部岩溶水系统的岩溶发育程度高，水循环快，响应灵敏，但系统规模都普遍不大，这类系统在水资源定量评价中的难度是最大的，也是本书讨论的重点。

　　总而言之，不同级次岩溶水系统中的水动力与水化学特征都严格受到了系统介质结构的控制与影响，岩溶水系统的介质结构决定了岩溶水的水量和水质变化规律。

第 *4* 章

岩溶含水系统结构

4.1 黄粮岩溶槽谷区概况

为重点剖析研究区集中排泄型岩溶水系统的介质结构特征和水动力条件，本章以兴山县黄粮岩溶槽谷区为例，综合利用水文地质测绘和多源高精度地下水示踪技术揭示岩溶水系统的介质结构和水动力特征。

黄粮岩溶槽谷区位于湖北省兴山县黄粮镇境内，是香溪河流域内一个典型的岩溶槽谷区，为台原型溶丘洼地地貌与溶蚀侵蚀中山峡谷地貌的组合形态，北部台原区为补给区，地面高程为 900～1 100 m；南部峡谷区为排泄区，高岚河河床标高为 350～550 m，地形相对高差较大（图 4.1）。

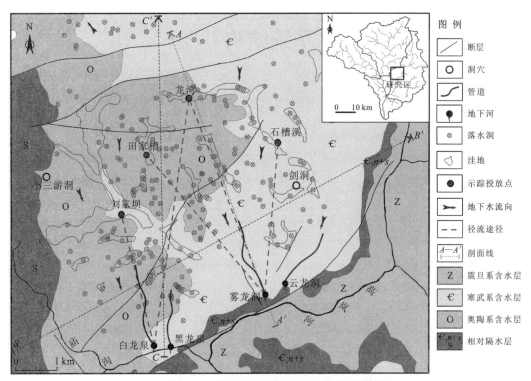

图 4.1 黄粮岩溶槽谷区水文地质简图

黄粮岩溶槽谷区所处构造部位为黄陵背斜西北翼，出露地层产状稳定，倾向为北西向，倾角较为平缓。研究区整体长期构造抬升，地形切割强烈，地层自震旦系至志留系均有出露(图 4.1)，由老到新依次为灯影组($Z_2\text{ Є}_1d$)、牛蹄塘组(Є_1n)、石牌组（Є_1s）、天河板组（Є_1t）、石龙洞组（Є_1sl）、覃家庙组（Є_2q）、娄山关组（$\text{Є}_3\text{O}_1l$）、南津关组（O_1n）、牯牛潭组（O_1g）、宝塔组（$\text{O}_{2-3}b$）、龙马溪组（O_3S_1l）、新滩组（S_1x）等，其中牛蹄塘组和石牌组（$Є_1n+s$）、志留系（S）均为泥岩、页岩、粉砂岩等碎屑岩地层，覃家庙组（$Є_2q$）和牯牛潭组（O_1g）为碳酸盐岩夹碎屑岩地层，其余均为白云岩、石灰岩等碳酸盐岩地层。

通过实测地层剖面和水文地质测绘得知，寒武系石牌组和牛蹄塘组泥岩、页岩分布连续、厚度大，构成寒武系—奥陶系岩溶水系统的隔水底板（图 4.2，图 4.3）。西侧奥陶系石灰岩上覆的志留系泥岩、粉砂岩连续展布，形成稳定的隔水边界。底边界及西侧边界均为地质零通量边界。东侧及南侧为不变的有通量的地质边界，寒武系石牌组和牛蹄塘组隔水层直接暴露于高岚河北岸的陡崖上，在隔水层与含水层交接部位形成接触下降泉排泄，如雾龙洞和云龙洞等（图 4.1）。

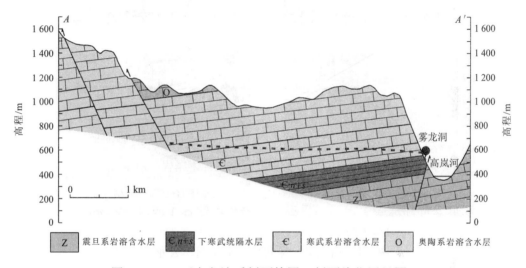

图 4.2　A—A' 水文地质剖面简图（剖面线位置见图 4.1）

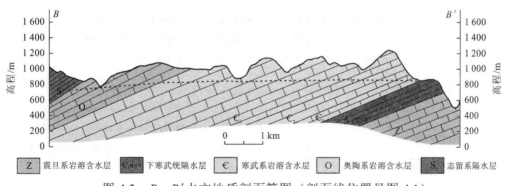

图 4.3　B—B' 水文地质剖面简图（剖面线位置见图 4.1）

研究区南侧庙沟和高岚河北岸，自东向西出露有白龙泉、黑龙泉、雾龙洞、云龙洞四个岩溶泉（图 4.4，表 4.1），其在枯水期的最小流量为 0.02～0.06 m^3/s，而在雨季的最大流量可达 $2\sim4\ m^3/s$。黑龙泉、雾龙洞和云龙洞均出露于下寒武统天河板组，下寒武统石牌组构成隔水底板，形成接触下降泉。白龙泉出露于上寒武统娄山关组。

（a）白龙泉　　　　　　　　　　（b）黑龙泉

（c）雾龙洞　　　　　　　　　　（d）云龙洞

图 4.4　白龙泉、黑龙泉、雾龙洞、云龙洞出口

表 4.1　岩溶泉及岩溶洞穴出露特征

参数	白龙泉	黑龙泉	雾龙洞	云龙洞	小三游洞	剑洞
地层	娄山关组	天河板组	天河板组	天河板组	牯牛潭组	娄山关组
岩性	白云岩	石灰岩	石灰岩	石灰岩	石灰岩	白云岩
洞口标高/m	587	550	600	615	897	1095
洞口朝向/（°）	140	133	157	234	42	175
洞口形状	平拱形	狭缝形	狭缝形	狭缝形	拱形	三角形
流量/（L/s）	60	17	51	27	干洞	干洞

注：岩溶泉的流量为 2014 年和 2015 年枯季测流的平均值

在黄粮—石槽溪一带的补给区，溶沟、溶槽、岩溶洼地、漏斗、落水洞等地表岩溶形态十分发育。岩溶洼地与落水洞呈串珠状分布，岩溶洼地的长轴方向主

要呈北北西向，且洼地底部高程整体由北向南递减，串珠状落水洞的串联方向也与洼地的长轴方向相一致，暗示着地下岩溶管道可能的发育方向。在白龙泉补给区和石槽溪一带开展的地球物理勘探（瞬变电磁法）结果表明，在洼地下方存在低阻异常带，极有可能有地下岩溶管道经过（张亮 等，2015）。裂隙渗透张量计算结果表明（蔡昊 等，2015），补给区娄山关组的最大渗透张量主值方向为北西西向和北北西向，与地表岩溶发育的优势方向基本一致。

4.2　岩溶水动力特征及管道结构

人工地下水示踪试验可用于确定岩溶泉的补给区、计算地下水流速和一些其他水文地质参数，有时还被用于定量刻画和模拟地下水流和溶质运移过程，或者评价地下水的易损性等（Mudarra et al.，2014；Lauber et al.，2014a，b；Morales et al.，2010；Goldscheider，2008），它已成为揭示岩溶水动力特征和溶质运移规律的重要技术方法。在岩溶区开展地下水示踪试验，不仅可以直观地追踪岩溶水的来源，还可以了解岩溶含水介质内部的空间结构特征（于正良 等，2014；杨平恒 等，2008）。

在本书的研究中，野外人工地下水示踪试验采用瑞士的野外自动化荧光仪（GGUN-FL30）进行自动监测，选用荧光素钠、罗丹明、荧光增白剂等人工示踪剂在补给区的落水洞进行投放，在岩溶泉出口进行自动检测。在示踪试验数据分析中，选用美国国家环境保护局研发的 QTRACER2 对径流通道的几何参数进行计算，可计算出水流通道的相关参数（如水流通道体积、横断面积、水力半径等）和弥散系数等（Field，2002）。

对于岩溶管道中的紊流，示踪剂在岩溶水中的运移以机械弥散作用为主，一维流动的溶质运移可用纵向对流-弥散理论来刻画（Goldscheider et al.，2007），根据初始条件和边界条件得其定解如下（Kreft et al.，1978）：

$$C\left(x_s,t\right)=\frac{M}{A\sqrt{4\pi D_L t}}\exp\left[\frac{-\left(x_s-vt\right)^2}{4D_L t}\right] \tag{4.1}$$

式中：C 为示踪剂浓度；x_s 为纵向距离；t 为示踪剂投放后历时；M 为示踪剂重量；A 为横断面积（取决于排泄水量和纵向长度）；D_L 为纵向弥散系数；v 为等效流速。

2013 年 7 月 5 日，在刘家坝落水洞口投放罗丹明 6 kg，落水洞口的汇流量约 5 L/s，在接下来的两个月中都没有明显的有效降水补给，代表了枯水期低水位的试验条件。在刘家坝注入罗丹明的 57.31 h 后，在白龙泉首次检测到示踪剂，计算得最大流速为 56 m/h；在 212.67 h 后达到峰值浓度 19.25 ppb，计算得平均地下水流速为 15 m/h。

用对流-弥散模型［式（4.1）］和扩散模型（8.2 节将进行详细介绍）模拟示踪剂浓度历时曲线。两参数的对流-弥散模型对起峰过程的拟合程度高，而单参数的扩散模型能很好地拟合示踪剂的衰减过程，就整体运移过程而言，扩散模型拟合效果更好（图 4.5）。慢速的示踪剂运移过程由于横向弥散作用而形成了一个很长的"拖尾"现象（Field，2002），其更趋近于扩散过程，明显区别于溶质在管道紊流中的对流-弥散过程。

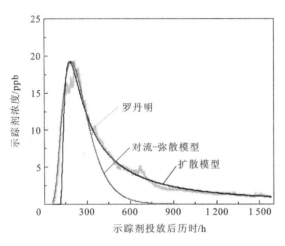

图 4.5　刘家坝—白龙泉示踪剂浓度历时曲线

2014 年和 2015 年夏季，在不同的降水补给强度下进行了多组多源地下水示踪试验，分别在龙湾和石槽溪等多个落水洞口投放了不同类型的示踪剂，查明了龙湾→白龙泉、龙湾→雾龙洞、石槽溪→雾龙洞等多条径流通道。

2014 年 7 月 12 日，在集中暴雨条件下，在龙湾落水洞口投放荧光素钠 3 kg，5.17 h 后，在雾龙洞首次检测到示踪剂，6 h 后达到浓度峰值 11.77 ppb（图 4.6）。在石槽溪落水洞口投放罗丹明 4 kg，8.80 h 后，在雾龙洞也检测到示踪剂，11.13 h后达到浓度峰值 12.72 ppb。这两组示踪试验得出的最大地下水实际流速分别为976 m/h 和 413 m/h。在龙湾投放荧光素钠 5.65 h 后，在白龙泉也检测到了荧光素钠，7.47 h 达到浓度峰值 4.03 ppb，计算得到的最大流速为 1 055 m/h。本次试验分别查明了龙湾→雾龙洞、石槽溪→雾龙洞、龙湾→白龙泉三条径流途径。

2014 年 8 月 12 日，在相同的投放点，实施了一组暴雨条件下的对比试验。从龙湾落水洞口投放荧光素钠 3 kg，6.50 h 后，雾龙洞首次接收到示踪剂，7.47 h后到达浓度峰值 40.24 ppb（图 4.6）。在石槽溪落水洞口投放罗丹明 3 kg，15.15 h后，雾龙洞接收到示踪剂，17.38 h 达到浓度峰值 31.58 ppb。这两组试验得出的最大地下水实际流速分别为 776 m/h 和 240 m/h，较 7 月 12 日计算得出的地下水流速小。

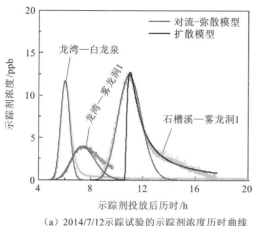 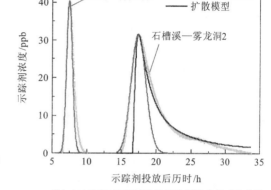

（a）2014/7/12示踪试验的示踪剂浓度历时曲线 （b）2014/8/12示踪试验的示踪剂浓度历时的曲线

图 4.6 丰水期示踪试验的示踪剂浓度历时曲线

2015 年 7 月，在暴雨条件下又成功实施了一组多源示踪试验，查明了田家槽→雾龙洞之间的径流通道，再次验证了龙湾→雾龙洞和石槽溪→雾龙洞两条径流通道，具体结果未在本书中列出。通过石槽溪、龙湾、田家槽到雾龙洞的径流途径空间分布形态，以及地面高程、地表岩溶形态的分布特征，结合雾龙洞和云龙洞水文分析的结果（尹德超 等，2016），最终确定雾龙洞的补给面积约为 8.7 km^2。

由于研究区的岩溶含水介质具有高度的非均质性和各向异性，在不同的补给条件和径流通道中，岩溶裂隙与管道所扮演的角色有明显差异。2013 年，在无有效降水补给的情况下，查明了刘家坝→白龙泉的径流通道，由于缺乏大量灌入式集中补给，岩溶管道储水量小，岩溶裂隙介质成为最主要的地下水储存与运移空间，因此其地下水流速与暴雨期间试验得出的流速具有数量级的差别（表 4.2），示踪剂浓度历时曲线的"拖尾"现象明显（图 4.5）。在 2014 年暴雨期实施的两组示踪试验中，大量降水和坡面流通过岩溶洼地和落水洞快速集中补给地下水，较强的水动力条件驱使地下水主要在管道中径流，岩溶管道成为快速流的主要储存与运移空间，示踪剂浓度历时曲线表现出较为对称的单峰形态（图 4.6）。

表 4.2 黄粮岩溶槽谷区人工地下水示踪试验结果

	刘家坝→白龙泉	龙湾→白龙泉	龙湾→雾龙洞1	石槽溪→雾龙洞1	龙湾→雾龙洞2	石槽溪→雾龙洞2
投放时间	2013/7/05	2014/7/12	2014/7/12	2014/7/12	2014/8/12	2014/8/12
示踪剂	罗丹明	荧光素钠	荧光素钠	罗丹明	荧光素钠	罗丹明
投放量/kg	6	3	3	4	3	3
平面距离/m	3228	5958	5046	3638	5046	3638

续表

	刘家坝→ 白龙泉	龙湾→ 白龙泉	龙湾→ 雾龙洞1	石槽溪→ 雾龙洞1	龙湾→ 雾龙洞2	石槽溪→ 雾龙洞2
平均流量 a/(L/s)	149	6212	2821	2146	2170	1147
初次检出时间/h	57.31	5.65	5.17	8.80	6.50	15.15
最大流速/(m/h)	56	1055	976	413	776	240
峰值运移时间/h	212.67	7.47	6.00	11.13	7.47	17.38
平均流速/(m/h)	15	798	841	327	676	209
峰值浓度/ppb	19.25	4.03	11.77	12.72	40.24	31.58
回收率/%	63.80	14.09	5.13	6.88	13.39	20.61
弥散系数/(m²/s)	0.17	9.75	5.44	1.32	1.16	0.27

注：最大流速=水平距离/初次检出时间，平均流速=平面距离/峰值运移时间；
　　a 为示踪剂浓度历时曲线时间段内的平均流量

2014 年 7 月 12 日的降水量大于 2014 年 8 月 12 日，因此降水集中补给量也较大，更强的水动力条件导致示踪剂的运移时间更短，弥散系数更大。两组对比试验说明，在雨季集中补给情况下，快速流的实际流速最高可达每小时千米以上，同时说明岩溶水系统中有极为通畅的岩溶管道发育。对于丰水期快速流的溶质运移，对流-弥散模型对示踪剂浓度历时曲线的拟合程度更高，如龙湾—雾龙洞的示踪曲线。相反，扩散模型能更好地拟合示踪剂浓度历时曲线的"拖尾"现象，如刘家坝—白龙泉和补给强度较小的 2014 年 8 月石槽溪—雾龙洞的示踪曲线（图 4.6），说明较慢速的地下水流有更多的时间来发生溶质的扩散。

根据人工地下水示踪试验可推断出岩溶区复杂的径流通道类型（Gremaud et al.，2009；Vincenzi et al.，2009）。研究区的示踪试验查明了两种结构模式："单源多汇"（龙湾→白龙泉＋雾龙洞）和"多源单汇"（龙湾＋石槽溪＋田家槽→雾龙洞、刘家坝＋龙湾→白龙泉）（图 4.7），说明不同方向的岩溶管道相互连通，尤其在暴雨集中补给抬高地下水位的情况下（罗明明 等，2015b）。

刘家坝→白龙泉和龙湾→白龙泉两条径流通道均发育于寒武系娄山关组中，龙湾→白龙泉径流通道储水量、径流通道横断面积、径流通道直径等参数值最高，而刘家坝→白龙泉在枯水期的参数值也与其他几组暴雨条件下的参数值相当（表 4.3），表明该层岩溶管道发育的空间最大。唯一出露于娄山关组的白龙泉，其洞口呈扁平拱形状，洞顶与地层层面延伸方向一致，地下径流通道主要受缓倾斜层面裂隙控制，发育连通性较好的顺层溶蚀形成的岩溶管道，说明娄山关组中有岩溶化程度极高的水平岩溶层。

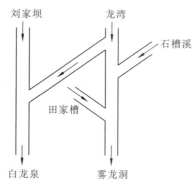

图 4.7 "单源多汇"和"多源单汇"概念结构模式

表 4.3 示踪试验推断得出的径流通道参数

	刘家坝—白龙泉	龙湾—白龙泉	龙湾—雾龙洞（1 和 2）	石槽溪—雾龙洞（1 和 2）
径流通道储水量/m³	47 700	173 700	86 100 和 60 000	91 100 和 77 300
径流通道横断面积/m²	14.77	29.16	17.07 和 11.89	25.04 和 21.25
径流通道直径/m	4.34	6.09	4.66 和 3.89	5.65 和 5.20
穿越地层	上寒武统	上寒武统	上—下寒武统	上—下寒武统
控制性裂隙方向	北北西向	北北东向	北北西向	北北东向

注：QTRACER2 软件可计算出示踪期间径流通道的几何参数，包括径流通道储水量、径流通道横断面积、径流通道直径、径流通道水力深度、径流通道表面积、示踪剂吸附系数等，这些参数主要由地下水平均滞留时间、排泄点流量过程、投放点与检测点的平面距离等参数计算而来，但不同示踪剂本身之间的吸附与拖尾效应有差别，且地下洪水过程的流量数据难以准确获取，因此计算结果会出现偏差，但具有相对可比性

对比龙湾→雾龙洞和石槽溪→雾龙洞这两条径流通道，龙湾→雾龙洞的水平距离更长，在两次对比试验中，龙湾→雾龙洞始终显示出更短的示踪剂运移时间、更高的地下水流速（表 4.3），示踪剂浓度历时曲线陡升陡降，对称性强（图 4.6）；但其径流通道储水量、径流通道横断面积、径流通道直径的参数值均比石槽溪→雾龙洞低，说明龙湾→雾龙洞的岩溶管道更为通畅，而石槽溪→雾龙洞径流通道可能弯曲程度更大，实际径流途径偏长，水力坡降偏小。这两条径流通道垂向上穿越了娄山关组到天河板组的整个寒武系岩溶含水层，主要受高角度构造裂隙的控制，弯曲复杂程度更高，到达天河板组时，水平方向的连通性变差。

总体分析表明，天河板组的水平岩溶不及娄山关组发育，且垂向穿层岩溶导通了上层娄山关组与下层天河板组两个岩溶发育层，因此形成了云龙洞和雾龙洞等相对独立的地下水集中排泄点。垂向多层岩溶层的岩溶化程度差异受间歇性构造抬升和相对隔水层（覃家庙组、石牌组）的控制与影响，以天河板组为主的现代岩溶层，随着岩溶水系统的不断溶蚀扩张及袭夺，其水平岩溶化程度在后期将进一步增强，岩溶水系统的演化将会导致地下水排泄更加趋于集中。

4.3　水文地球化学特征

4.3.1　氢氧同位素及泉水补给高程

2014 年 1 月至 2016 年 10 月，在非暴雨工况的基流条件下，定期每月从白龙泉、黑龙泉、雾龙洞、云龙洞和青龙口采集水化学和氢氧同位素分析样品，送试验室进行水化学全分析和稳定氢氧同位素测试。

研究区内所有水样的 δD 和 $\delta^{18}O$ 均位于香溪河流域的大气降水线($\delta D =$ $8.17\delta^{18}O + 13.38$)附近。由于该区处于岩溶山区，大气降水的稳定氢氧同位素值具有明显的高程效应，δD 和 $\delta^{18}O$ 可用于估算各泉点的补给高程（Marechal et al., 2003；Rose et al., 1996)。泉水的 δD 和 $\delta^{18}O$ 呈现明显的季节效应，夏季最高，冬季最低，与大气降水的稳定氢氧同位素值相比，岩溶地下水中稳定氢氧同位素的季节变化幅度明显减小。黑龙泉的 δD 和 $\delta^{18}O$ 总是低于其邻近的白龙泉，而与排泄标高最高的青龙口的 δD 和 $\delta^{18}O$ 相似（表 4.4)，表明这些岩溶水系统各自具有不同的径流途径和水循环过程。

表 4.4　各泉点的平均补给高程和循环深度

泉点	出露高程/m	平均 δD/‰	平均 $\delta^{18}O$/‰	平均补给高程/m	循环深度/m
白龙泉	587	$-50.3(\sigma = 5.1)$	$-7.66(\sigma = 0.70)$	900	310
黑龙泉	550	$-8.3(\sigma = 3.9)$	$-8.80(\sigma = 0.50)$	1 370	820
雾龙洞	600	$-53.8(\sigma = 3.3)$	$-8.30(\sigma = 0.40)$	1 160	560
云龙洞	615	$-55.1(\sigma = 3.7)$	$-8.33(\sigma = 0.56)$	1 180	570
青龙口	1 190	$-57.1(\sigma = 4.7)$	$-8.83(\sigma = 0.61)$	1 390	200

注：计算中使用的泉水的 δD 和 $\delta^{18}O$ 是 2015 年和 2016 年在基流条件下采集的所有月度样品的算术平均值；标准偏差（σ）是基于所有月度样品的统计得出；循环深度＝泉点平均补给高程－泉点出露标高（计算精度控制在 10 m）

由于高程效应，随着海拔升高，大气降水中的 δD 和 $\delta^{18}O$ 逐渐降低。利用香溪河流域大气降水中 $\delta^{18}O$ 的高度梯度（2.4‰/km），可以计算出各排泄点的补给高程。白龙泉的平均 $\delta^{18}O$ 最高，重同位素最为富集（表 4.4），表明其平均补给海拔最低。示踪试验表明，白龙泉的补给主要来自其北部刘家坝一带的岩溶洼地，地面高程约 900 m［图 3.3（图版 IV）]。将 900 m 高程值作为白龙泉的补给高程参考值，结合 $\delta^{18}O$ 的高度梯度（2.4‰/km），利用各泉的平均 $\delta^{18}O$ 计算得出地下水的平均补给高程（表 4.4)。

雾龙洞和云龙洞均来源其北部一带岩溶洼地的补给，地面高程在 1 100～

1 200 m，这与雾龙洞通过多源人工示踪试验证实的结果一致［图 3.3（图版 IV）］。尽管黑龙泉的出露标高最低，为 550 m，比青龙口的出露标高低 640 m，但两个系统的平均补给高程均为 1 300～1 400 m（表 4.4）。此外，黑龙泉和白龙泉的出露位置相隔很近，但两个系统的平均补给高程相差了近 500 m，进一步说明这两个系统的补给来源和径流途径有显著差异。

结合各泉点的出露标高和计算的平均补给高程，可计算出各系统内地下水平均循环深度（表 4.4）。计算得出，青龙口的循环深度最小，仅为 200 m；白龙泉为 310 m；雾龙洞和云龙洞分别为 560 m 和 570 m；黑龙泉的循环深度最大，为 820 m。

4.3.2　地下水化学特征

浅层岩溶水系统极易受人类活动的影响和污染（Hasenmueller et al.，2013；Ghasemizadeh et al.，2012；Perrin et al.，2003）。研究区的农业活动主要集中于高程 800～1 200 m 的岩溶洼地内（图 3.3）。大多数泉水均检测出人类农业活动产生的污染组分，特别是硝酸盐的含量较高（表 4.5）。夏季人类活动的影响最为明显，岩溶洼地内密集的农业活动产生大量的硝酸盐，通过洼地产汇流和落水洞灌入式补给，含有高浓度硝酸盐的补给水源进入岩溶含水层，对岩溶地下水产生污染（图 4.8）。青龙口和黑龙泉的硝酸盐浓度低于白龙泉、雾龙洞和云龙洞，因为青龙口和黑龙泉来源于海拔较高的地区，农业活动相对偏少，受人类影响较小；而白龙泉来源于海拔最低的岩溶洼地分布区，农业活动最为密集，其平均 NO_3^- 浓度最高，为 23.8 mg/L（表 4.5）。

表 4.5　各泉点的水化学组分

泉点	参数	K^+ 浓度	Na^+ 浓度	Ca^{2+} 浓度	Mg^{2+} 浓度	Sr^{2+} 浓度	SO_4^{2-} 浓度	Cl^- 浓度	HCO_3^- 浓度	NO_3^- 浓度	F^- 浓度	TDS
白龙泉	均值	2.5	4.8	76.6	9.6	0.23	25.7	6.0	242.3	23.8	0.14	270
	σ	0.5	1.1	11.6	1.3	0.05	4.2	1.4	26.5	5.4	0.11	25
黑龙泉	均值	1.3	1.7	58.1	20.4	0.36	22.0	2.2	251.9	11.6	0.30	243
	σ	0.2	0.3	9.6	2.0	0.15	5.1	1.2	33.0	5.4	0.15	23
雾龙洞	均值	1.3	1.9	61.7	20.4	0.08	14.0	3.6	283.9	20.0	0.09	265
	σ	0.3	0.3	10.4	3.0	0.01	4.8	1.6	21.6	2.9	0.11	25
云龙洞	均值	1.2	1.8	63.0	26.2	0.07	10.6	2.8	337.0	15.8	0.10	290
	σ	0.2	0.2	10.8	2.7	0.01	2.6	1.2	28.8	5.4	0.10	28
青龙口	均值	1.3	1.5	55.7	20.7	0.33	15.9	2.3	251.8	7.4	0.28	231
	σ	0.4	0.2	7.7	3.6	0.14	1.5	1.4	36.6	1.2	0.12	24

注：浓度单位为 mg/L；水化学组分的平均值是 2015 年和 2016 年所有月度样品的算术平均值；标准偏差(σ) 基于所有的月度样品统计得出

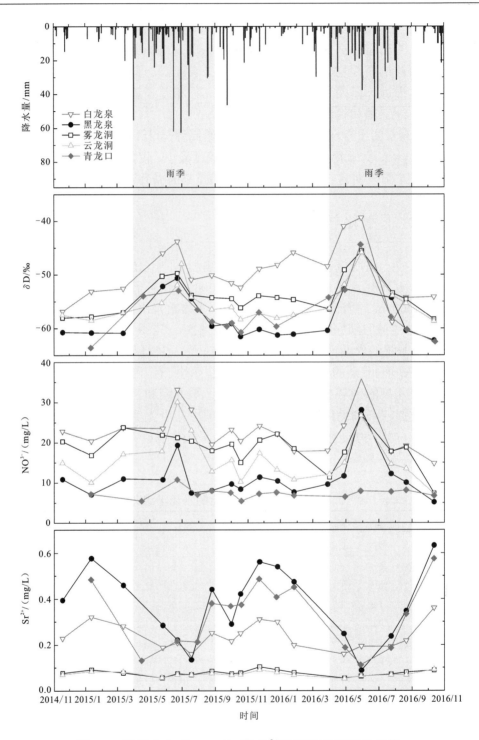

图 4.8　岩溶水中 δD、NO_3^- 和 Sr^{2+} 浓度的季节变化规律

地下水中 Sr^{2+} 与 NO_3^- 呈现相反的季节变化规律，在夏季 NO_3^- 浓度出现最高值，而 Sr^{2+} 浓度出现最低值（图 4.9）。高 NO_3^- 浓度反映了夏季密集农业活动的影响，夏季强降水产生的集中快速补给，导致岩溶水的循环径流速度加快，地下水的平均滞留时间缩短，从而减少了水岩相互作用的时间；而地下水中的 Sr^{2+} 主要来源于碳酸盐岩的溶解，因此夏季不充分的溶滤作用，使得 Sr^{2+} 浓度偏低。与此相反，冬季降水补给强度低，地下水的平均径流速度变缓，延长了地下水平均滞留时间，增加了水岩相互作用的时间，导致岩溶水的矿化作用加强，使得高 Sr^{2+} 浓度出现在冬季。

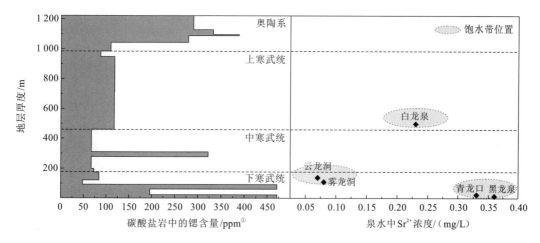

图 4.9　寒武系—奥陶系碳酸盐岩中锶含量及泉水中 Sr^{2+} 浓度的关系

岩溶地下水中的 Sr^{2+} 浓度是判断地下水平均滞留时间的一个有效指标，但它受含水层中基岩锶含量的影响（Xie et al.，2013；Uliana et al.，2007）。为了解岩溶含水层中碳酸盐岩的岩石化学成分对水岩作用的影响，在香溪河流域乐平溪 $C—C'$ 剖面上采集了 15 组有代表性的寒武系—奥陶系碳酸盐岩样品（图 4.1）；这 15 组样品的地层层序和岩性特征与黄粮研究区 $B—B'$ 剖面上的地层层序基本一致（图 4.3）。在澳实分析检测（广州）有限公司采用四酸消解法和电感耦合等离子体发射光谱法对碳酸盐岩的化学成分进行分析，其中包括岩石中锶含量的分析，检测限为 1～10 000 ppm。

研究区内各泉水和不同碳酸盐岩地层中的锶浓度差异很大（图 4.9），这种差异信息可以用于判断岩溶水主径流带的位置。在基流条件下，黑龙泉和青龙口的主径流带位于下寒武统弱透水层之上，该层位以富含锶的下寒武统天河板组石灰岩为主（图 4.9）。天河板组高锶含量的碳酸盐岩导致岩溶地下水中溶滤出较高

---

① ppm＝10^{-6}

的 Sr^{2+} 浓度，为 0.33～0.36 mg/L（表 4.5）。雾龙洞和云龙洞的径流途径在垂向上穿透了整个寒武系岩溶含水层（图 4.3），主要斜交于锶含量较低的中—下寒武统碳酸盐岩中，导致其泉水中的 Sr^{2+} 浓度较低，仅为 0.07～0.08 mg/L（表 4.5）。

白龙泉的补给区被大范围的奥陶系石灰岩所覆盖，导致其地下水中出现较高的 Ca^{2+} 浓度和较低的 Mg^{2+} 浓度，主要是石灰岩中方解石的溶解导致其 Ca^{2+} 含量升高。其他泉点的主径流带均位于中—下寒武统，以白云岩为主，因而白云石溶解出更多的 Mg^{2+}（图 4.9）。黑龙泉和青龙口的岩溶水具有最高浓度的 Sr^{2+} 和 F^-，以及最低浓度的 NO_3^-，反映它们的平均补给高程最高，受农业活动的影响最小，同时又表明它们的主径流带均位于下寒武统天河板组石灰岩中（Luo et al.，2018a）。

4.4　岩溶水的热传递规律

地下水中的热量传递及其热效应经常用于刻画地下水的径流途径及其循环过程（Doucette et al.，2014；Anderson，2005）。岩溶含水层中的热传递受地下水对流的影响很大，在岩溶发育程度较高的岩溶水系统中，岩溶水的热传递主要表现为热传导—对流过程（Covington et al.，2011；Luhmann et al.，2011）。岩溶水的热传递过程主要取决于岩溶水沿径流途径的热交换程度，其热量传递的模式可以用于判断岩溶水的补给过程和岩溶含水系统的内部介质结构。Luhmann等（2011）将岩溶水的热传递效应分为有效热传递和无效热传递两大类，其取决于通过有效热传递介质（如小裂缝、空隙）和无效热传递介质（如岩溶管道）的渗流相对比例。

本节以香溪河流域内的白龙泉、黑龙泉、雾龙洞、云龙洞和青龙口等典型的岩溶水系统为例，结合水文响应过程、稳定氢氧同位素和水化学数据分析岩溶水的热量传递规律，并解释黑龙泉的水温响应异常现象。

4.4.1　岩溶泉的水温响应规律

利用野外自动化设备（Model 3001 LTC Levelogger, Solinst Canada Ltd）在各岩溶泉口连续监测地下水的水位、温度和电导率，监测时频为 15 min/次，白龙泉和黑龙泉从 2014 年 10 月开始监测，云龙洞从 2014 年 5 月开始监测，青龙口从 2015 年 1 月开始监测。通过兴山县气象局、水利局、中国气象数据服务中心，收集区内的相关降水和气温数据，用于反映补给区的温度变化。

一般来说，由于强降水的集中补给，降水通过落水洞和岩溶管道进入含水层中，岩溶泉流量会大幅上升，新补给水稀释了原来的地下水基流，使电导率迅速下降（图 4.10）。岩溶发育程度较高的表层岩溶带、洼地和落水洞等岩溶形态，加快了岩溶水的补给过程，因此浅层或局部岩溶水流系统对降水事件的响应总是非常迅速，地下水位和排泄流量迅速上升，地下水的电导率随之急剧下降。随着泉水排泄流量和电导率的急剧变化，时常也伴随着泉水温度的响应变化，这是因为补给水与基流之间存在水温差异。

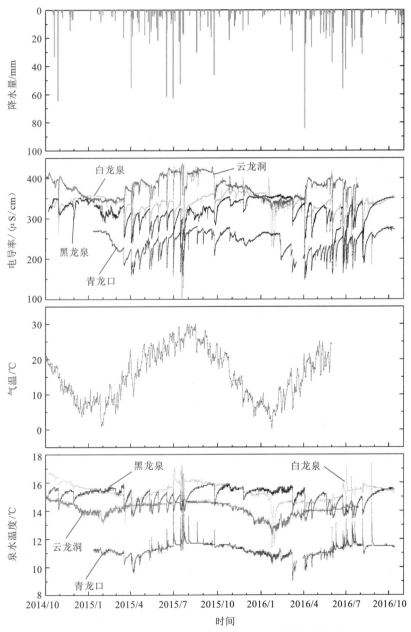

图 4.10　各泉的电导率和泉水温度变化过程曲线

　　由于夏季气温高，冬季气温低，浅层岩溶水系统的地下水温度受地表温度的影响较为显著。青龙口、白龙泉和云龙洞的水温季节变化规律与地表气温的变化规律相符（图 4.10）。在夏季，补给水的温度通常高于地下水基流，从而导致强降水事件补给后的泉水温度急剧上升。与此相反，当冬季较冷的补给水与较温暖的基流混合时，泉水温度会出现下降（图 4.10）。对于白龙泉和青龙口，降水补给事件导致岩溶水在夏季发生显著的高温脉冲响应（水温升高），在冬季发生显著的低温脉冲响应（水温降低）。云龙洞只有少数降水补给事件显示明显的温度响应过程。有趣的是，黑龙泉出现了一种截然不同的水温响应模式。黑龙泉在每次降水补给事件之后，也显示明显的水温脉冲响应，但是其总呈现显著的低温脉冲响应（水温降低）（图 4.10），与白龙泉和青龙口明显的季节性变化形成鲜明对比。无论是在夏季，还是冬季，黑龙泉的泉水水温在强降水补给事件后总是迅速下降，并伴随着电导率的快速下降（图 4.10）。

　　滞后时间和响应时间可以用于对比不同岩溶水系统对补给事件的响应差异。黑龙泉对电导率的响应时间最慢，平均为 10.3 h；其温度的响应时间也最慢，平均为 20.0 h。青龙口的电导率和泉水温度的平均响应时间分别为 5.6 h 和 3.7 h，而白龙泉的电导率平均响应时间为 5.9 h。总体而言，针对集中降水补给事件，黑龙泉的响应最慢，青龙口的响应最快。

4.4.2　循环深度与热传递的关系

　　研究区各泉点的平均水温略低于排泄点附近的平均气温，泉口处水温随出露标高变化的高度梯度为 −6.2 ℃/km，与当地的气温随高程变化的高度梯度（−6.8 ℃/km）较为接近（图 4.11）。随着循环深度的增加，泉水补给温度和排泄温度之差显著升高，尤其是在循环深度最大的黑龙泉中，两者显示良好的线性正相关关系（图 4.11）。补给水在地下径流过程中的增温幅度随循环深度的增加而升高，几个泉的平均增温梯度为 5.7 ℃/km（图 4.11），与当地气温的高度梯度相似，而明显低于典型的地热增温梯度（20～30 ℃/km）（Pollack et al.，1993）。这表明研究区的泉水温度主要受浅层地表温度的控制，没有明显的地热增温现象出现，也没有地下水的重力势能转化为热能的迹象（Manga et al.，2004）。

　　不同的降水补给强度改变了基流和补给水的相对混合比例，由于补给水具有不同的成分、径流途径和运移时间，从而岩溶泉水的物理和化学等特征（如水温和电导率）发生显著的变化（Winston et al.，2004）。水文过程曲线和电导率过程曲线的快速响应与示踪试验结果（较高的地下水流速）呈现良好的一致性，表明强降水事件后，通过岩溶洼地、落水洞和管道的快速补给，在这些浅层岩溶水系统中产生了快速流。但是由于岩溶水系统内部介质结构的差异，热传递与响应的表现方式不同，主要是因为岩溶发育程度和循环深度的不同，导致地下水的热量与含水层热量交换的程度有显著差异。

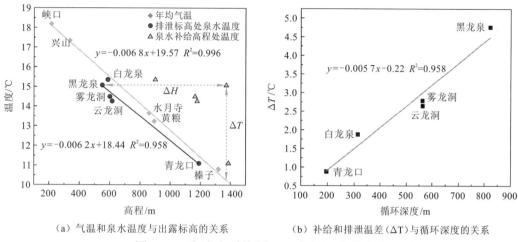

（a）气温和泉水温度与出露标高的关系　　　（b）补给和排泄温差（ΔT）与循环深度的关系

图 4.11　岩溶水系统循环深度与温度的变化关系

　　补给水的温度通常与地下水基流的温度不同，补给水的温度受时刻变化的气温影响，而地下水的基流温度则取决于当地多年的平均气温。当补给水快速进入岩溶含水层时，扰动原来的系统平衡，产生温度脉冲响应。尤其对于青龙口和白龙泉这种岩溶发育程度较高的岩溶管道系统，其径流路径短、地下水流速度快，示踪试验所示暴雨期的管道流速超过 1 000 m/h，从而导致泉水温度在不同的补给事件中呈现大幅变化（图 4.10）。

　　黑龙泉是研究区所有岩溶泉中电导率和温度响应最慢的（图 4.10），并且其基流温度最为恒定，反映其受到较深的循环深度（820 m）的影响。与气温的季节变化相比，黑龙泉的水温季节变化周期比其他泉点延迟了约 3 个月（图 4.12）。黑龙泉的响应脉冲峰值温度几乎恒定在 14 ℃，始终低于其泉口的基流温度（图 4.12）。这一异常的结果表明，来源于高海拔的补给水受到较低海拔处的围岩调节（升温或降温），被调节到 14 ℃，这一温度与海拔约 800 m 处的地表平均温度相当，可以推断黑龙泉的补给水在高程 800～1 370 m 内接受了围岩温度的调节；不同季节初始温度差异较大的补给水，在垂直入渗过程中，与围岩达到了相对热交换平衡状态，而在继续往下部径流过程中，才遭遇饱水带更温暖的基流，与之发生混合，产生负向脉冲响应（水温降低）（Luo et al.，2018a）。

　　显然，相对于循环深度较大的岩溶水系统，浅层的岩溶水系统没有足够的时间供补给水与围岩达到热交换平衡，这也解释了为什么青龙口基流和补给水之间的温差最大、水温响应的变幅最大（图 4.12），因为青龙口的循环深度最小。

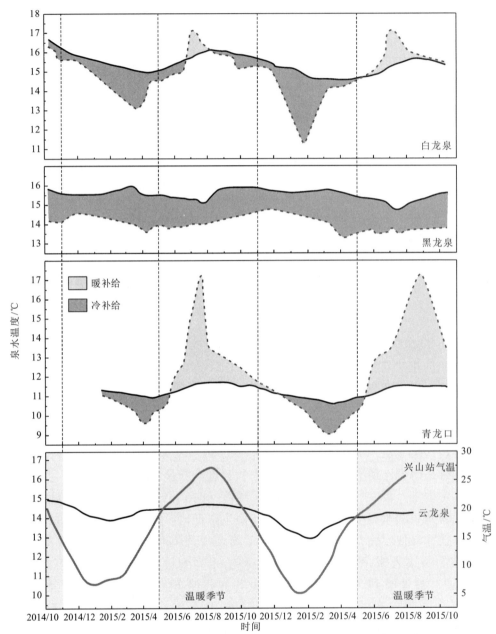

图 4.12　岩溶泉的基流温度(实线)与响应脉冲峰值温度(虚线)

4.5　空间结构概念模型

由 4.1 节至 4.4 节的综合分析，可刻画出岩溶槽谷区岩溶水系统的空间结构概念模型（图 4.13）。该结构模型反映出各种地表岩溶形态在补给区十分发育，系统内部有管道及裂隙等多重岩溶介质类型，地表与地下岩溶形态的相互组合构成了岩溶水补给、径流和排泄的通道。隔水底板、隔水边界及临空排泄边界构成了岩溶水系统的边界，约束和控制了岩溶水循环的物理空间（Luo et al.，2016d）。

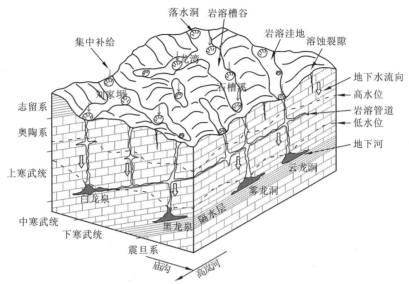

图 4.13　岩溶槽谷区岩溶水系统的空间结构概念模型

下寒武统隔水层构成了岩溶水系统的底边界，形成了雾龙洞和云龙洞等接触下降成因的岩溶泉。在顶部补给区，发育大量的岩溶洼地、落水洞和溶蚀裂隙等，构成了大气降水灌入式补给和渗入式补给的通道。补给区洼地的长轴方向、地下岩溶的发育方向都受优势裂隙组的控制，主要表现为北北西向和北东东向。娄山关组的水平岩溶极为发育，构成了白龙泉的主径流通道。贯穿上寒武统至下寒武统的穿层垂向岩溶也较发育，构成雾龙洞、云龙洞的主径流通道。

在包气带中，娄山关组的顺层岩溶极为发育，连通性好，在暴雨期集中补给后，地下水位迅速抬高，地下水可通过相互连通的管道分散流向多个径流通道，最终向多个泉排泄，因而出现"单源多汇"和"多源单汇"等多种复杂的结构模式；高水位时会出现短暂的由管道水向裂隙水的反补给现象（Vesper et al.，2004）。而在平水期、枯水期，地下水主要在下层天河板组岩溶层储存与运移，岩溶化程度偏弱，水平连通性较差，形成了几个较为集中的排泄点。

岩溶泉的水化学组成主要受补给水的初始成分和径流过程中的水岩相互作用控制，补给区的农业活动差异和地下水中锶含量的差异解释了白龙泉和黑龙泉的水化学差异和主径流带的位置(图 4.9)。此外，黑龙泉的电导率响应时间几乎是白龙泉的两倍，表明其有较长的径流途径和较低的地下水流速(图 4.13)。基于黑龙泉和白龙泉的水化学成分和循环深度的显著差异，可以在垂向上将它们划分为上层岩溶水系统（白龙泉）和下层岩溶水系统（黑龙泉）（图 4.14）。

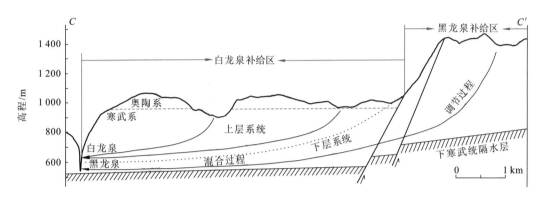

图 4.14　黑龙泉和白龙泉系统结构示意图（剖面线位置见图 4.1）

一般来说，岩溶泉的热传递规律是由地下水在其流动路径上的热传递方式及热交换程度决定的。在黑龙泉系统中，在补给水与较温暖的基流混合之前，补给水与海拔约 800 m 以上的围岩可以达到相对热交换平衡状态，类似于有效热交换模式的热平衡状态（Luhmann et al. 2011），使其温度调节至恒定的 14 ℃左右。当被调节后的补给水与低海拔处更温暖的基流混合时，黑龙泉的水温过程曲线则出现负向脉冲响应（水温降低），在这个混合过程中表现出了无效热交换现象。因此，黑龙泉的水循环过程可以归纳为两个部分：一是高海拔处的补给水与围岩的热平衡调节过程；二是低海拔处较冷的补给水和较温暖的基流的混合过程（Luo et al.，2018a）。

第 *5* 章

岩溶水的响应及衰减

5.1 岩溶水动态分析的基本方法

岩溶水循环的物理过程包括岩溶水的补给、径流、调蓄和排泄等过程，涉及岩溶水资源形成、运移、分布的各个环节。在岩溶水循环的各个环节中，岩溶水的排泄是相对直观、较易监测的部分。对了解一个岩溶水系统的结构与功能而言，岩溶水排泄点的水文过程动态监测是首要工作。岩溶水文过程最直观的特点是水位和流量的涨落变化，分别代表了岩溶水的响应和衰减两个方面。研究响应和衰减过程，可以提取许多揭示岩溶水系统内部结构的信息。

水文过程响应曲线是指岩溶水系统对单次补给事件（降水）的响应过程（Haga et al.，2005），通过分析岩溶水文过程或水文地球化学过程的响应曲线，可以对水文过程中不同组分的水源进行识别（Miller et al.，2014；Millares et al.，2009）。岩溶介质具有高度非均质性，岩溶山区的地下水位埋深大，通常不具有统一的区域地下水位，监测岩溶地下水位动态十分困难。因此，通常通过监测岩溶水系统总排泄出口或地表水断面的水文过程，来推断岩溶水系统的结构特征，并进行水资源量评价（Charlier et al.，2012；Geyer et al.，2008；Winston et al.，2004；Wetzel，2003）。

大气降水补给岩溶水，从降水输入到排泄输出存在复杂的转换关系，这个过程不是瞬间完成的，往往存在滞后和延迟效应。滞后时间是指某一信号输入时刻与其响应的初始时刻之间的时间差（徐恒力，2009）。在这里，水文过程曲线的延迟时间是指次降水峰值时刻（信号输入时刻）与流量峰值时刻之间的时间差（Haga et al.，2005），响应时间是指流量起涨点（响应的初始时刻）到流量峰值时刻之间的时间差。在图 5.1 中，次降水事件的峰值时刻为 t_1（信号输入时刻），泉流量起涨时刻为 t_2，流量峰值时刻为 t_3，则滞后时间为 $t_2 - t_1$，响应时间为 $t_3 - t_2$，延迟时间为 $t_3 - t_1$。

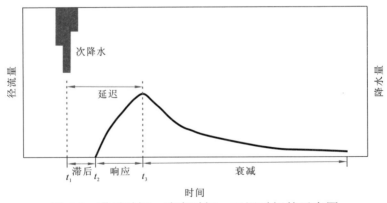

图 5.1 滞后时间、响应时间、延迟时间的示意图

　　岩溶水文过程曲线的理论响应时间可由水文脉冲函数（本书 8.2 节中将进行详细介绍）通过拟合实测水文过程曲线而估算得到，水文脉冲函数还可用于估算地下水电导率、水温和同位素等其他理化指标的理论响应时间（Winston et al.，2004）。

　　前人研究表明（Zubeyde et al.，2014；Civita，2008；缪钟灵 等，1984；黄敬熙，1982），在仅由大气降水补给而无越流补给的相对独立的岩溶水系统中，在无降水条件下，岩溶水的排泄仅消耗系统中原有的储存量，其流量衰减可采用指数方程来描述 [式（5.1）]。在流量衰减初期，各大小管道及裂隙均进行释水，每一级次含水介质的排泄持续时间及衰减速率不同。将岩溶水的衰减过程看作不同级次含水介质释水过程的叠加，依据衰减速率的差异，可将整个流量衰减过程划分为若干个衰减期（Lauber et al.，2014c；Bailly-Comte et al.，2010）。

$$Q_t = \begin{cases} Q_1 e^{-\alpha_1 t} & [0, t_1) \\ Q_2 e^{-\alpha_2 t} & [t_1, t_2) \\ Q_3 e^{-\alpha_3 t} & [t_2, t_3) \end{cases} \tag{5.1}$$

　　基于不同衰减期内的衰减系数，对应各级次含水介质的储水量可以通过式（5.2）求取：

$$V_i = \begin{cases} V_1 = \int_0^{t_1} (Q_1 e^{-\alpha_1 t} - Q_2 e^{-\alpha_2 t}) \mathrm{d}t \\ V_2 = \int_0^{t_2} (Q_2 e^{-\alpha_2 t} - Q_3 e^{-\alpha_3 t}) \mathrm{d}t \\ V_3 = \int_0^{\infty} Q_3 e^{-\alpha_3 t} \mathrm{d}t \\ V_0 = \sum_{i=1}^{3} V_i \end{cases} \tag{5.2}$$

　　每个级次含水介质的储水量（V_i，i=1、2、3）占总储水量（V_0）的比例可通过式（5.3）求取：

$$K_i = V_i / V_0 \tag{5.3}$$

5.2　岩溶水的水文响应特征

　　自 2013 年起，逐渐建立起覆盖香溪河流域的水文动态监测网络，其中包括部分与当地气象、水利部门共享的监测站点。在多个岩溶泉的出口，采用加拿大 Solinst 公司生产的水位、水温、电导率三参数探头（Model 3001 LTC Levelogger）进行长期自动监测，数据采集频率为 15 min/次。选择流域内的多个地表水断面，采用超声波自动水位计长期自动监测河流水位，数据采集频率为 6 min/次，并建立各断面的水位-流量关系，将监测水位转换成流量。香溪河流域的气象数据收集自兴山县气象和水利部门，部分来源于宜昌水情信息网和中国气象数据网。本次研究选择了几个典型岩溶水系统的监测站点进行重点分析（图2.3）。

区内梯级水电开发强度大，多个岩溶泉被直接作为水电站的引水水源，发电量记录提供了系统的历史径流资料。雾龙洞电站是一个直引式小型水电站，以雾龙洞为引水水源，通过收集雾龙洞电站每小时的发电量记录，可将发电量转换成流量（尹德超 等，2015；王增海，2012），如下：

$$Q = \frac{N}{9.8H\eta} \tag{5.4}$$

式中：Q 为发电流量，m^3/s；N 为发电功率，kW；H 为电站水头高度，m；η 为转换系数，$\eta < 1$。

以黄粮岩溶槽谷区的白龙泉、黑龙泉、雾龙洞和云龙洞为例，对四个岩溶泉的动态响应规律进行对比分析。四个岩溶泉的水文过程和电导率过程曲线均呈现雨后急骤上涨的特点，但在峰值过后的衰减过程中表现出明显的"拖尾"现象（图5.2）。对次降水事件的补给，响应非常灵敏，具有多脉冲响应的特点。当大气降水通过洼地和落水洞等集中灌入式补给地下水后，流量迅速上涨，地下水受新补给水源的强烈稀释而导致电导率急骤下降，表明岩溶管道十分发育且通畅。集中补给的大气降水或坡面流，在岩溶管道中形成快速流，从而导致极为迅速的水文响应过程出现。裂隙介质在岩溶水的响应过程中具有调蓄作用（Atkinson，1977）。降水事件过后，流量及电导率都经历了一个较长时间的"拖尾"后才恢复至降水前的背景值，由于裂隙储水与释水的速度远远慢于岩溶管道，因此其响应滞后的时间较长，"拖尾"现象表明岩溶裂隙介质起到了调蓄作用。各岩溶泉的总体水文响应特征表明，研究区的岩溶水系统是岩溶管道与溶蚀裂隙并存的复杂系统。

快速的水文响应时间与暴雨后高速的地下水示踪流速表现出一致性。暴雨期间雾龙洞四组示踪试验得出：初次检出时间为 5.2～15.2 h，平均值为 8.9 h；峰值运移时间为 6.0～17.4 h，平均值 10.5h（表4.2）。雾龙洞的实测与估算的水文过程响应时间分别为 6.0 h 和 6.7 h，实测与估算的电导率过程响应时间分别为 7.2 h 和 9.3 h（表5.1）。暴雨期示踪剂的运移时间与水文过程响应时间在数值上较为接近。一方面说明，暴雨期从落水洞口投放的示踪剂主要由管道快速流携带并搬运至岩溶水系统出口；另一方面说明，岩溶水文过程的快速响应主要由管道快速流引起。

电导率的极低值总是出现在流量的峰值之后，电导率过程曲线的延迟时间和响应时间都更长（图5.2）。暴雨过程中，大量的补给可使岩溶管道局部形成有压

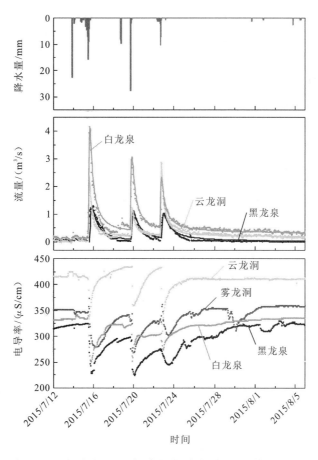

图 5.2　岩溶水文动态过程曲线与脉冲函数拟合值

表 5.1　研究区各岩溶泉的水文特征时间统计结果

	水文特征时间	白龙泉	黑龙泉	雾龙洞	云龙洞	平均值
水文响应过程	延迟时间/h	5.3	8.6	8.5	4.7	6.8
	实测响应时间/h	4.7	7.5	6.0	4.0	5.5
	滞后时间/h	0.6	1.1	2.5	0.7	1.3
	估算响应时间 t_p/h	4.0	6.7	6.7	2.7	5.0
电导率响应过程	延迟时间/h	8.4	13.4	11.1	9.9	10.7
	实测响应时间/h	5.9	10.3	7.2	6.3	7.4
	滞后时间/h	2.5	3.1	3.9	3.6	3.3
	估算响应时间 t_p/h	6.0	12.7	9.3	5.3	8.3

　　注：基于 2014 年 10 月 8 日至 2015 年 8 月 6 日 13 次水文事件的统计平均值；仅雾龙洞的水文过程结果基于 2012 年的统计平均值。理论响应时间 t_p 的定义及算法详见 8.2 节

流，压力传递速度远远大于无压状态下的地下水流速，可使流量峰值先于电导率峰值出现；同时，岩溶管道中的活塞效应也可以导致电导率的峰值滞后（Birk et al.，2004）。

通过四个岩溶泉的横向比较，黑龙泉的水文过程和电导率过程曲线的延迟时间和响应时间都是最长的，间接反映黑龙泉的整体径流途径最长或岩溶发育程度较低，导致其响应比较滞后。在不同的岩溶水系统中，由于岩溶发育程度和径流途径等的差异，岩溶水系统出现不同的响应行为。

5.3　岩溶水的流量衰减规律

以雾龙洞为例，完整的洪峰流量衰减过程一般呈现四个衰减期，从第一到第四衰减期，每一衰减期的衰减系数逐渐减小，持续时间递增（图 5.3，表 5.2）。在第一衰减期，衰减系数的量级一般为 10^{-2}，可以认为这一衰减期的水大多来自岩溶管道或洞穴。在第二和第三衰减期，衰减系数比第一阶段小一个量级，这一部分水大多来自较宽的溶蚀裂隙。第三衰减期之后，衰减系数的量级多为 10^{-4}，这一部分水多来自微小的裂隙或孔隙（表 5.2）。管道快速流主要存在于衰减初期，也是洪水的主要构成部分；在衰减过程的后期，地下水主要为裂隙介质释放的慢速流。

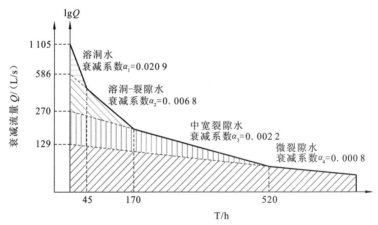

图 5.3　雾龙洞 2012 年 5 月 29 日洪峰流量衰减过程曲线

表 5.2　研究区地表水和地下水衰减过程统计结果

监测站点	第一衰减期		第二衰减期		第三衰减期		第四衰减期		峰值时间	峰值流量 /（m³/s）
	α/（1/h）	T/h	α/（1/h）	T/h	α/（1/h）	T/h	α/（1/h）	T/h		
门家河	0.059 8	22	0.034 0	33	0.005 1	>51	—	—	2014/4/19	22.12
（地表水）	0.060 3	23	0.027 8	43	0.004 5	165	0.000 7	8 000	2014/4/21	41.17

续表

监测站点	第一衰减期		第二衰减期		第三衰减期		第四衰减期		峰值时间	峰值流量 /（m³/s）
	α/（1/h）	T/h	α/（1/h）	T/h	α/（1/h）	T/h	α/（1/h）	T/h		
孔子峡 （地表水）	0.050 5	24	0.029 9	31	0.004 1	>51	—	—	2014/4/12	27.95
	0.073 2	26	0.025 1	46	0.004 8	222	0.000 8	7 000	2014/4/21	92.96
凉伞沟 （地表水）	0.054 7	29	0.006 7	50	0.001 5	>137	—	—	2014/8/12	1.80
	0.068 1	30	0.005 5	120	0.001 7	>210	—	—	2014/9/2	12.71
	0.061 0	40	0.006 2	110	0.001 7	>200	—	—	2014/9/27	3.12
兴山 （地表水）	0.004 1	48	0.003 0	72	0.000 9	168	0.000 5	>384	1963/10/5	112
	0.013 0	48	0.004 2	72	0.001 1	264	0.000 2	25 000	1963/11/8	257
	0.021 4	48	0.004 7	72	0.001 9	>144	—	—	1986/6/15	415
响水洞 （地下水）	弃水	弃水	0.010 1	>19	—	—	—	—	2014/4/12	2.50
	弃水	弃水	0.005 0	>52	—	—	—	—	2014/4/21	2.59
	0.164 0	20	0.003 0	>52	—	—	—	—	2014/5/6	1.20
雾龙洞 （地下水）	0.031 8	44	0.006 4	140	0.001 9	>360	—	—	2011/7/27	1.38
	0.033 8	33	0.005 3	67	0.001 7	>156	—	—	2011/8/21	0.46
	0.028 8	28	0.005 9	157	0.001 3	>111	—	—	2011/9/19	0.67
	0.017 0	77	0.004 8	>173	—	—	—	—	2012/5/14	1.07
	0.020 9	45	0.006 8	125	0.002 2	350	0.000 8	>230	2012/5/29	1.11
	0.020 0	24	0.003 0	>54	—	—	—	—	2012/7/5	2.93
	0.023 7	25	0.004 6	125	0.001 9	450	0.000 8	>100	2012/7/22	0.54
	0.040 0	33	0.005 0	88	0.001 0	>187	—	—	2012/8/21	0.45
	0.050 6	40	0.006 3	110	0.001 6	350	0.000 4	>400	2012/9/12	1.32

注：部分衰减过程受新降水事件的影响，只呈现前两个或三个衰减期。

对雾龙洞多次衰减过程参数取平均值，作为雾龙洞的标准衰减曲线：第一衰减期的平均衰减系数为 0.03，平均持续时间为 39 h；第二衰减期的平均衰减系数为 0.005 3，平均持续时间为 123 h；第三衰减期的平均衰减系数为 0.001 6，平均持续时间为 383 h；第四衰减期的平均衰减系数为 0.000 6，持续时间直至退水过程结束。

在岩溶流域地表水的衰减过程中，第一衰减期主要为坡面直接径流的衰减，与岩溶水第一衰减期中的溶洞水类似，均为快速流。在地表水的第二衰减期及其以后的衰减阶段，与岩溶水各衰减阶段的衰减系数具有对应性（表 5.2），两者的衰减行为非常相似。

　　岩溶水的衰减规律受岩溶水系统结构的复杂影响，包括系统规模、介质结构和下垫面结构等。在集水面积较小的流域，第一衰减期的洪水衰减快，表现为衰减系数大、持续时间短。例如，兴山站的集水面积为 1 900 km²，对比门家河站（292 km²）和孔子峡站（408 km²），兴山站第一衰减期的衰减系数较小，而持续时间更长（表 5.2）。含水介质中岩溶发育的程度也会类似地影响衰减行为。例如，在发育有大型岩溶管道的系统中，由于管道加速了地下水的径流速度，其洪水衰减得也非常快。

　　为对比岩溶流域与非岩溶流域的洪峰流量衰减过程差异，选择庙沟岩溶流域和高家坪非岩溶流域进行研究。两个小流域属于香溪河一级支流高岚河流域的子流域（图 2.3，图 4.1）。庙沟流域面积为 61.2 km²，其中 80% 以上为寒武系、奥陶系及二叠系的石灰岩和白云岩，为一小型岩溶流域。庙沟流域东北部为台原型溶丘洼地地貌，地表及地下岩溶发育，岩溶洼地、溶沟、溶槽、落水洞、岩溶洞穴、地下暗河等岩溶形态齐全；庙沟左岸出露白龙泉和黑龙泉两个岩溶泉，岩溶洼地面积约 9.8 km²，占流域总面积的 16%；流域中部及西南部为溶蚀侵蚀中山-中高山山地地貌，岩溶发育程度较弱，地形坡度较大。高家坪流域面积为 67.4 km²，出露地层为太古界岩浆岩及变质岩，岩性以花岗岩和片麻岩为主，为一小型非岩溶流域。两个小流域出口均建有水文站，使用超声波水位计对其水位和流量进行实时监测。

　　选取庙沟岩溶流域 2013 年 8 月至 2016 年 11 月的 15 次不同降水量下的降水事件、高家坪非岩溶流域 2014 年 8 月至 2016 年 11 月的 16 次不同降水量下的降水事件，进行河流的洪峰流量衰减过程分析（表 5.3，表 5.4）。

表 5.3　庙沟岩溶流域洪峰流量衰减过程分析结果

峰值时间	峰值流量 / (m³/s)	第一衰减期		第二衰减期		第三衰减期		第四衰减期	
		α/(1/h)	T/h	α/(1/h)	T/h	α/(1/h)	T/h	α/(1/h)	T/h
2013/8/30	2.71	0.076 0	26	0.013 3	91	0.003 6	≥216	—	—
2014/4/21	9.71	0.076 0	31	0.011 3	95	0.004 4	196	0.000 6	>132
2014/7/12	19.86	0.100 8	36	0.014 9	86	0.005 3	>150	—	—
2014/7/23	1.28	0.097 2	19	0.010 4	100	0.004 3	>162	—	—
2014/8/12	12.65	0.074 8	36	0.015 4	94	0.005 0	>127	—	—
2014/9/2	51.75	0.053 5	53	0.021 9	75	0.004 1	195	0.000 5	>67
2014/10/26	18.08	0.077 5	36	0.013 1	97	0.003 8	>122	—	—
2015/4/17	3.35	0.040 1	36	0.008 5	88	0.004 5	>136	—	—
2015/5/13	9.31	0.075 1	26	0.016 2	90	0.002 0	>70	—	—
2015/6/29	14.93	0.070 9	25	0.009 4	109	0.005 1	>150	—	—

续表

峰值时间	峰值流量 /（m³/s）	第一衰减期		第二衰减期		第三衰减期		第四衰减期	
		α/（1/h）	T/h	α/（1/h）	T/h	α/（1/h）	T/h	α/（1/h）	T/h
2015/7/20	12.43	0.053 7	47	0.007 4	115	0.002 6	260	0.000 8	>220
2015/9/22	9.51	0.083 9	35	0.010 7	81	0.002 1	279	0.000 9	>352
2016/4/15	7.25	0.048 1	47	0.005 9	120	0.003 2	197	0.000 6	>104
2016/6/1	7.98	0.053 9	28	0.010 6	97	0.004 7	172	0.000 9	>128
2016/11/5	2.64	0.043 4	30	0.012 6	60	0.003 3	212	0.000 4	≥185 8
平均值	—	0.068 3	34	0.012 1	93	0.003 9	216	0.000 7	—

表 5.4　高家坪非岩溶流域洪峰流量衰减过程分析结果

峰值时间	峰值流量 /（m³/s）	第一衰减期		第二衰减期		第三衰减期		第四衰减期	
		α/（1/h）	T/h	α/（1/h）	T/h	α/（1/h）	T/h	α/（1/h）	T/h
2014/8/12	11.21	0.044 4	27	0.009 5	93	0.006 5	≥128	—	—
2014/9/2	41.39	0.061 5	32	0.015 0	70	0.005 0	>84	—	—
2014/9/18	4.89	0.019 5	27	0.009 4	98	0.002 4	>87	—	—
2014/9/28	2.37	0.021 3	22	0.004 4	119	0.001 2	194	0.000 2	>185
2014/10/28	7.27	0.053 7	24	0.007 5	74	0.001 3	220	0.000 6	>294
2014/11/29	1.79	0.012 9	33	0.003 0	109	0.001 0	271	0.000 2	≥154 5
2015/2/27	1.57	0.007 2	47	0.003 2	104	0.001 4	210	0.000 5	>67
2015/3/17	9.10	0.063 0	22	0.010 0	110	0.002 5	≥219	—	—
2015/4/5	15.33	0.049 6	29	0.010 8	108	0.004 0	≥125	—	—
2015/5/1	16.83	0.037 3	33	0.006 0	98	0.002 4	≥91	—	—
2015/5/11	7.51	0.037 0	37	0.003 7	96	0.001 1	≥263	—	—
2015/6/17	11.53	0.053 6	28	0.005 7	98	0.001 9	>120	—	—
2015/6/30	37.18	0.060 4	35	0.005 9	89	0.003 0	≥194	—	—
2015/11/24	2.75	0.027 0	24	0.005 2	86	0.000 7	285	0.000 2	≥172 9
2016/6/2	36.16	0.060 3	30	0.014 3	75	0.003 8	208	0.000 5	>96
2016/11/7	4.13	0.031 6	32	0.006 1	96	0.002 1	254	0.000 4	≥660
平均值	—	0.040 1	30	0.007 5	95	0.002 5	235	0.000 4	—

　　两个流域的平均衰减曲线均表现为四个衰减周期，且各衰减周期的衰减时间越来越长，衰减系数越来越小，说明岩溶流域和非岩溶流域在降水事件的退水过程中总趋势有一致性，均表现为先快速衰减，后稳定释水。

庙沟岩溶流域各阶段的衰减系数均大于高家坪非岩溶流域，即庙沟岩溶流域介质的给水能力强于高家坪非岩溶流域，岩溶流域的释水要快于非岩溶流域。这和不同流域的介质类型直接相关，岩溶流域中规模较大的管道、溶隙所占比例高于非岩溶流域，导致其释水较为迅速。

从各阶段的衰减时间看，除第一衰减阶段外，高家坪非岩溶流域各阶段的衰减时间均大于庙沟岩溶流域的衰减时间。在后三个衰减阶段，河流的流量主要来源于降水补给的地下水，非岩溶流域的衰减时间均大于岩溶流域。这是由于在非岩溶流域内，含水介质空隙形式较为单一，以裂隙为主，地下水释水较为稳定，释水速度较慢；而在岩溶流域内，岩溶发育导致含水介质空隙形式多样，空隙空间较大，给水能力较强，释水更加迅速。

5.4　岩溶水的水源组分

根据岩溶水分段衰减的特点，可利用式（5.2）对不同级次含水介质的储水量进行估算（Zubeyde et al.，2014；Civita，2008；Padilla et al.，1994；缪钟灵 等，1984），并利用式（5.3）计算各级次介质储水量的相对比例。

以雾龙洞 2012 年 5 月 29 日洪峰衰减过程为例，依据流量衰减曲线的分段及衰减系数的量级，其洪峰流量衰减过程可划分为四个衰减期（图 5.3），分别对应四种径流成分：溶洞水（4.76%）、溶洞-裂隙水（10.22%）、中宽裂隙水（13.84%）、微裂隙水（71.19%）（表 5.5）。不同的径流成分对应不同的含水介质类型，水量体积的大小间接反映对应含水介质空间的大小。例如，溶洞水所占的比例越高，则表明岩溶管道在整个含水介质空间中所占的比例越大（罗明明 等，2015b）。

表 5.5　孔子峡和雾龙洞的径流成分对比

径流成分		总水量		第一衰减期		第二衰减期		第三衰减期		第四衰减期	
		$V/10^4\,m^3$	占总和比例%	$V/10^4\,m^3$	占总和比例%	$V/10^4\,m^3$	占总和比例%	$V/10^4\,m^3$	占总和比例%	$V/10^4\,m^3$	占总和比例%
孔子峡站	坡面流	169.13	11.23	169.13	45.85	—	—				
	溶洞水	193.77	12.86	139.19	37.73	54.58	38.63			—	
	岩溶裂隙水	183.91	12.21	40.95	11.10	54.25	38.39	88.71	38.52	—	
	微裂隙水	959.61	63.70	19.60	5.32	32.48	22.98	141.59	61.48	765.95	100.00
	总和	1 506.42	100.00	368.87	100.00	141.31	100.00	230.30	100.00	765.95	100.00

续表

径流成分		总水量		第一衰减期		第二衰减期		第三衰减期		第四衰减期	
		$V/10^4 m^3$	占总和比例%	$V/10^4 m^3$	占总和比例%	$V/10^4 m^3$	占总和比例%	$V/10^4 m^3$	占总和比例%	$V/10^4 m^3$	占总和比例%
雾龙洞	溶洞水	3.53	4.76	3.53	29.67	—	—	—	—	—	—
	溶洞-裂隙水	7.57	10.21	4.10	34.45	3.47	26.53	—	—	—	—
	中宽裂隙水	10.26	13.84	2.16	18.15	4.27	32.60	3.84	23.58	—	—
	微裂隙水	52.77	71.19	2.11	17.73	5.35	40.87	12.44	76.42	32.88	100.00
	总和	74.13	100.00	11.90	100.00	13.09	100.00	16.28	100.00	32.88	100.00

在洪峰状态下，溶洞水与溶洞-裂隙水（快速流）占洪峰流量的比例高达75.57%（835/1105，图5.3），与姜光辉等（2011）利用水化学混合模型计算出的坡面流集中补给对洪峰流量的贡献比例达到70%左右的结论较为接近，说明新补给的管道快速流是洪峰的主要组成部分。岩溶水第一衰减期的快速流类似于地表水文过程中的坡面直接径流，都表现为快速的衰减，岩溶水与地表水的衰减规律和水源构成也非常相似（劳文科 等，2009；White，2002）。以孔子峡站为例，地表水的径流成分构成中，除了坡面流部分，其他几种介质尺度的储水量与岩溶水的径流成分相当（表5.5，图5.4）。

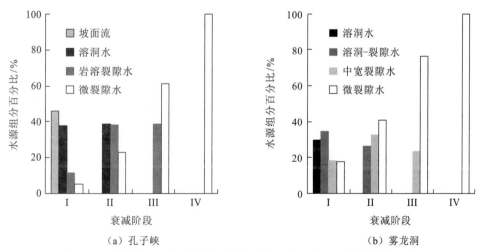

图5.4　孔子峡站和雾龙洞典型衰减过程中的水源组分百分比

在长期无降水补给的条件下，如第三衰减期、第四衰减期，岩溶水的基流主要是微小裂隙释放的水量。就整个含水层的衰减过程而言，微裂隙水所占的体积高达 70%以上（图 5.4），说明在排干整个岩溶水系统的情况下，裂隙介质所占的整体空间比例最大，而岩溶管道占整个含水空间的比例则十分有限，但岩溶管道在水量传输上扮演的角色却不可小觑。

因此，利用流量衰减分析可大致判断出衰减起始蓄水状态下岩溶水系统中各介质空间的大小。但在不同的补给强度与水位状态下，地下水位抬高的程度不同而导致含水层的厚度变化大，不同衰减起始状态计算出的水源组分和介质空间比例大小会有差异；同时，在洪峰流量衰减过程分析中，未充分考虑岩溶管道向裂隙的反补给现象，计算得到的岩溶管道空间比例会相对偏小。

第 *6* 章

岩溶水的补给

6.1　次降水补给系数的计算方法

与孔隙水的补给相比，岩溶水在补给机制、补给量确定等方面都存在巨大差异，主要是岩溶水系统结构的特殊性造成的。

在地下水补给过程中，降水入渗存在两种方式：活塞式入渗和捷径式入渗。活塞式入渗的水流犹如活塞推进，出现于均质岩土体中；捷径式入渗的水流呈指状推进，存在快速运移的优先流，出现于发育虫孔、根孔和裂隙的黏性土，以及裂隙岩溶发育不均匀的基岩中（张人权 等，2011）。

在南方岩溶区，岩溶洼地和岩溶漏斗等负地形广泛分布，在集中暴雨过后，岩溶洼地汇集大量的坡面流，最终通过落水洞灌入式补给进入含水层。通过落水洞的这种灌入式补给与活塞式入渗和捷径式入渗方式有明显的区别。因此，在岩溶管道发育的南方岩溶区，同时存在多种补给机制，一是通过基岩或裂隙以活塞式或捷径式入渗补给，二是通过落水洞等灌入式补给。

前人将大气降水补给地下水的份额称为"降水入渗补给系数"（recharge coefficient of precipitation），简称"入渗系数"（张人权 等，2011）：

$$\alpha = q_P / P \qquad (6.1)$$

式中：α 为入渗系数，无量纲；q_P 为单位面积上年降水补给地下水量，mm/a；P 为年降水量/a，mm。

但在南方岩溶区除了入渗补给，还存在灌入式补给，"入渗系数"一词不能全面地概括岩溶水的补给机制。因此，本书认为，在管道发育的岩溶区，将大气降水补给地下水的份额称为"降水补给系数"更妥，与英文"recharge coefficient of precipitation"直译结果相同，简称"补给系数"。

在岩溶山区的水资源评价中，多利用泉流量或地下河流量观测数据，根据水量均衡原理，利用排泄量反推补给量来求取降水补给系数［式（6.2）］，即平均年地下水排泄量与平均年地下水补给量基本等同。但想获得较为精确的计算结果，往往需要长时间序列的水文观测数据：

$$\alpha = Q / (P \times F \times 1\,000) \qquad (6.2)$$

式中：Q 为汇水区地下水年排泄量，m³/a；P 为汇水区年降水量，mm/a；F 为汇水区面积，km²。

次降水补给系数表示某次降水产生的补给地下水水量占本次降水量的份额（尹德超 等，2016；吴继敏 等，1999）。本节在基于岩溶水流量动态法计算降水有效渗入系数方法（程俊贤，1982）和基于流量衰减分析的次降水入渗补给系数计算方法（尹德超 等，2016）的基础上，进一步完善计算方法，探讨岩溶水的补给机制，试求有效补给降水量的阈值，分析次降水量与补给系数的关系。

计算次降水补给系数的核心问题是如何分割次降水产生的次径流量。如果通过水文分割得到某次降水产生的地下水排泄增量，根据水均衡原理，则认为该部分地下水排泄增量即为该次降水产生的有效补给量，由此便可计算出次降水补给系数。

通过 5.2 节的分析可知，岩溶水系统中多重含水介质的释水具有分段衰减的规律，可采用分段指数函数描述其流量衰减过程。以雾龙洞为例，雾龙洞的流量衰减过程一般存在四个衰减期，通过对多次衰减过程的统计，计算出其标准衰减曲线。利用标准衰减曲线提供的参考值，在此探索次降水补给量的分割方法。

在图 6.1 的次降水补给系数计算概念模型中，前后共有三次降水事件（P_1、P_2、P_3），并分别产生了 Q_1、Q_2、Q_3 三次水文响应过程。为了计算降水事件 P_2 产生的次降水补给量，需对降水事件 P_1 在降水事件 P_2 到来之后的原水文过程进行恢复。当降水事件 P_2 来临时，降水事件 P_1 产生的径流过程（Q'_1）仍在继续，假定其继续按原有衰减规律进行衰减，则可利用标准衰减方程［式（6.3）］恢复 T_2 时刻之后的径流过程：

$$Q'_1 = Q_{T_2} e^{-\beta t} \tag{6.3}$$

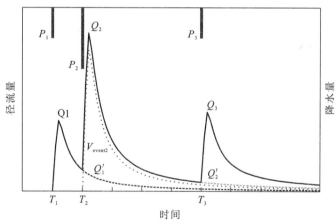

图 6.1　次降水补给系数计算概念模型

对于降水事件 P_2，其在 T_3 时刻之后的径流过程（Q'_2）也可以按上述相同的方法进行恢复，在恢复了降水事件 P_1 和 P_2 的径流过程之后，则可利用实际观测的径流过程曲线与恢复的水文曲线求取降水事件 P_2 产生的次降水补给量。降水事

件 P_2 产生的次降水补给量即为实际径流过程曲线（Q_2）与降水事件 P_1 和 P_2 恢复的径流过程曲线之间所包络的面积，可通过对流量过程的积分计算出 P_2 的次降水补给量（图 6.1），如下：

$$V_{event2} = \int_{T_2}^{+\infty} (Q_2 + Q_2' - Q_1')dt \qquad (6.4)$$

结合集水面积可计算出次降水产生的地下径流深度（次有效降水量）[式（6.5）]，次降水补给系数则可通过式（6.6）求取：

$$R_{event2} = P_{eff} = \frac{V_{event2}}{A} \qquad (6.5)$$

$$\alpha = \frac{V_{event2}}{A \cdot P_2} \qquad (6.6)$$

6.2　次降水量对补给的影响

大气降水补给地下水的影响因素众多，大体可分为气候、地质、地形、植被、土地利用等方面（张人权 等，2011）。其中，年降水量、降水强度及其时间分布、包气带岩性及结构、地下水埋藏深度、地形坡度、植被种类及覆盖率等，是影响补给系数的主要因素，并且各个因素之间的影响比较复杂。

降水强度及其时间分布对次降水补给系数的影响最为显著。间歇性小雨只能湿润土壤表面并随后蒸发消耗，难以形成地下水有效补给。集中的暴雨，超过地面入渗能力的部分将转化为地表径流，减小地下水补给份额。强度不大的连绵降水，最有利于补给地下水（张人权 等，2011）。

以雾龙洞为例，在其补给区内，岩溶洼地与落水洞遍布，地面入渗能力很强，暴雨后形成的坡面径流多汇入岩溶洼地内，通过落水洞等灌入式补给地下水，而连绵细雨则多通过溶蚀裂隙渗入式补给地下水。

由于雾龙洞的集水面积较小，仅有 8.7 km^2，黄粮气象站紧邻雾龙洞的补给区，因此以黄粮气象站采集的气象数据代表雾龙洞流域的平均值。次降水量统计时，以日降水量数据为基础，将日降水间隔不超过两天的所有连续降水视为一次降水事件，累加连续的各日降水量得到次降水量。

结合雾龙洞水文过程曲线的特征，选择降水时间相对集中、洪峰过程相对完整的 11 次水文响应过程进行计算，次降水量的大小尽量涵盖不同的量级大小（表 6.1）。首先对 11 次洪峰过程雨前的原水文过程进行恢复，再分割出次降水事件产生的地下水补给量，从而计算得出各次降水事件的次降水补给系数。

表 6.1　雾龙洞次降水补给系数计算结果

降水时间	次降水量/mm	次地下径流深度/mm	次降水补给系数
2011/6/27	41.6	10.6	0.26
2011/7/7	87.0	27.9	0.32
2012/5/7	66.7	36.7	0.55
2012/5/24	81.8	40.7	0.50
2012/5/27	54.8	32.5	0.59
2012/6/4	14.2	2.4	0.17
2012/6/9	23.9	5.5	0.23
2012/7/5	104.9	72.8	0.69
2012/7/22	57.4	20.7	0.36
2012/8/1	18.7	1.4	0.07
2012/8/18	34.4	8.6	0.25

　　由表 6.1 和图 6.2 可知，不同量级的次降水量对应的次降水补给系数的差异很大。随着次降水量的增大，次降水补给系数也逐渐增大。分别利用二次多项式、线性函数和指数函数来拟合次地下径流深度和次降水量的关系，结果显示二次多项式的拟合程度最高，其次为线性函数（图 6.2）。

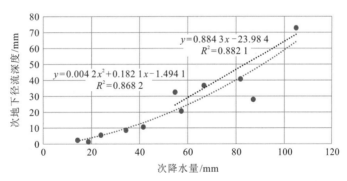

图 6.2　雾龙洞流域次地下径流深度与次降水量关系图

　　根据最佳拟合的二次多项式（$y=0.004\,2x^2+0.182\,1x-1.494\,1$），当次地下径流深度为 0 时，取二次多项式的两个解中的较大者，可以计算出有效补给次降水量的阈值为 7.1 mm，即当次降水量小于 7.1 mm 时，次降水不能产生有效地下水补给，降水全部消耗于前期需水量（蒸散发）；当次降水量大于 7.1 mm 时，才逐渐产生新的地下水补给增量。实际观测中也发现，雾龙洞的泉流量对小于 10 mm 的次降水事件未产生明显的响应过程，说明小于 10 mm 的次降水可能未能满足前期需水量，大部分被蒸发损失掉，因此未能形成有效的地下水补给（尹德超 等，2016）。有效补给次降水量阈值的大小受次降水特征、包气带结构、植被生长状况等因素的影响，而且不同季节、不同地区的差别很大，前人研究中得出的日有效补给降水量的阈值一般为 5～10 mm（王文玉 等，2013；苑文华 等，2010）。

如果用二次多项式来表示次地下径流深度和次降水量的关系，在计算次降水补给系数时，随着次降水量的无限增大，次地下径流深度也会无限增大，且次降水补给系数会超过 1，这与事实不符。降水补给地下水份额的极限是，降水在补给过程中没有任何消耗，全部补给地下水，则补给系数为 1；而实际情况中，降水在补给过程中肯定有所消耗，补给系数均小于 1，因此理论的次降水补给系数的极限值小于 1。考虑实际补给条件与方程的拟合度，认为采用分段函数来表示次地下径流深度与次降水量的关系最为恰当。

以次降水量 50 mm（暴雨量级）为界，当次降水量小于 50 mm 时，采用原二次多项式表示：

$$y = 0.004\,2x^2 + 0.182\,1x - 1.494\,1 \tag{6.7}$$

当次降水量大于 50 mm 时，有大量坡面流产生，汇集于岩溶洼地或落水洞，灌入式补给地下水，集中补给的比例增大；随着次降水量的继续增大，集中补给量与排泄量也逐渐接近线性关系，因此利用最优拟合的线性关系式表示：

$$y = 0.884\,3x - 23.984 \tag{6.8}$$

由次地下径流深度与次降水量的关系式可计算出理论次降水补给系数（图 6.3），则理论次降水补给系数的极限值为 0.88。依据图 6.3 提供的理论次降水补给系数，一旦次降水量已知，则可计算出相应的地下水补给量。

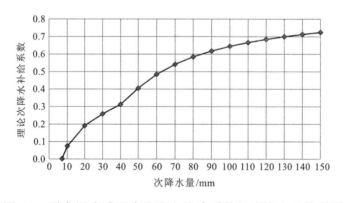

图 6.3　雾龙洞流域理论次降水补给系数与次降水量关系图

6.3　岩溶水补给的季节变化

我国季风气候区降水的年内分布极不均匀，不同季节的次降水量也有明显差异，往往夏季的降水事件多，次降水量大。不同季节次降水量的频率分布对补给系数的影响极大，设想两个月内的总降水量相同，在降水次数相对偏少、单次降水量更大的月份内，其无效降水事件少且雨前损失的次数少，所以月度补给系数则更大。在季风气候区，除了月降水量有明显的差别，各月次降水量的频率分布也极不相同，势必导致补给系数具有显著的季节差异。

对黄粮气象站 2008～2015 年 8 年间的次降水事件进行统计，夏季相比于冬季，次降水量的平均值和标准差大，次降水量的量级大，降水事件多且分布集中，次降水量的极值都出现在夏季（图 6.4）。夏季（6～8 月）接近 50%的次降水事件的雨量都达到 50 mm 以上，次降水量均值为 59 mm，标准差为 56 mm；冬季（12 月至次年 2 月）所有的次降水量均低于 50 mm，次降水量均值为 6.3 mm，标准差为 8.7 mm，接近 70%的降水事件均不对地下水形成有效补给。

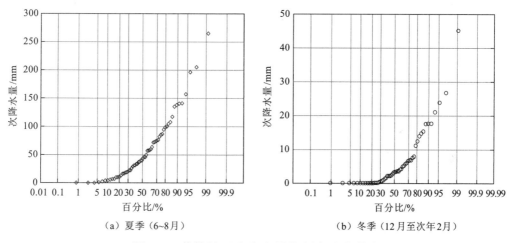

（a）夏季（6～8月）　　　　　（b）冬季（12月至次年2月）

图 6.4　黄粮地区次降水量的频率分布曲线

参照理论次降水补给系数与次降水量的关系（图 6.3），根据黄粮气象站 8 年间的次降水量统计值，计算出研究区的月均补给系数（表 6.2）。结果显示，月均降水量越大，其月均补给系数也越大；月均补给系数较小的月份为 1 月和 12 月，最小值为 0.07，较大的月份为 7 月和 8 月，最大值为 0.62（图 6.5）。综合多年平均的次降水量分布特征，计算出年均降水补给系数为 0.48。

表 6.2　雾龙洞流域月均降水量和月均补给系数

月份	月均降水量/mm	月均补给量/mm	月均补给系数
1	11.7	0.8	0.07
2	24.7	4.7	0.19
3	42.7	12.3	0.29
4	98.5	49.6	0.50
5	113.1	49.1	0.43
6	133.5	73.3	0.55
7	132.5	73.9	0.56
8	191.0	118.5	0.62
9	72.6	34.8	0.48
10	72.8	26.5	0.36
11	45.3	13.1	0.29
12	7.2	0.7	0.10
年均值	945.6	457.3	0.48

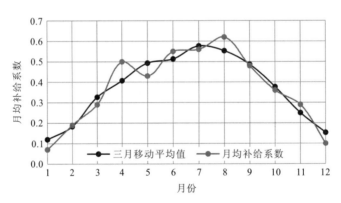

图 6.5　雾龙洞流域月均补给系数的季节变化

6.4　大气降水补给量计算

通过长期径流过程监测数据，基于水量均衡原理，用排泄量反推补给量，是计算补给量最直接的方法，其结果也往往用来验证其他评价方法的可靠性。以雾龙洞为例，2012 年的实测平均流量为 0.126 m³/s，汇水面积为 8.7 km²，则 2012 年雾龙洞的地下水补给量为 456.7 mm。黄粮气象站 2012 年的降水量为 902.6 mm，计算出 2012 年雾龙洞的年均降水补给系数为 0.51。

利用次降水补给系数法，通过对黄粮站 2012 年的次降水量进行统计，当次降水量小于 7.1 mm 时，则视为无效降水；当次降水量大于 7.1 mm 时，利用理论次降水补给系数与次降水量的关系（图 6.3）计算有效次降水补给量，得出 2012 年雾龙洞的地下水补给量为 435.5 mm，则年均降水补给系数为 0.48。

水量均衡原理直接计算结果和次降水补给系数法计算结果的相对误差为 4.6%，计算出的年均降水补给系数均在 0.5 左右，说明利用基于流量衰减理论的次降水补给系数法评价补给资源量是科学合理的。

在我国大部分地区，气象监测站点的分布密度较高，由于气象预报和山洪预警等工作的需要，普遍设有县级和乡镇级的气象监测站点，重点地质灾害高发区的气象监测密度则更高，气象观测数据序列长度也较长，降水数据相对于水文监测数据更易获取。在南方岩溶区，尤其是缺少长时间观测水文监测数据的地区，充分利用气象监测数据，在具有类似于本书研究区地质环境概况的条件下，参考理论次降水补给系数与次降水量的关系，或月均补给系数参考值，可估算地下水补给资源量。在积累了一定水文气象监测数据的区域，如已经获得一定时段的水文监测序列，且监测到多个独立的水文响应过程，也可参考基于流量衰减理论的次降水补给系数方法，建立当地的次降水补给系数与次降水量的关系式，再计算地下水补给资源量，如此便提高了地下水补给资源量评价的精度。

第 *7* 章

岩溶水的调蓄

7.1　典型岩溶流域概况

在传统的地下水资源评价中，补给资源量、储存资源量和可开采资源量是最主要的三项评价内容（何师意 等，2007；徐恒力，2001）。在我国南方岩溶区评价这三项水量指标时，岩溶含水介质的高度非均质性，地下水位的空间变化大，水文地质试验实施难度大且代表性非常局限，导致储存资源与可开采资源的评价工作难以开展，同时也不能完全展现南方岩溶水资源的固有属性。南方岩溶水资源动态变化极大，水资源开发与保护也极具挑战性；因此，岩溶水的动态调蓄能力是另一个重要且急需查明的水资源属性。

认识岩溶水的调蓄机制及其水量转化关系是揭示岩溶水系统调蓄能力的关键。岩溶水的调蓄过程主要是指岩溶裂隙介质在补给与排泄过程中不断储水与释水的过程。基于水均衡原理，在讨论岩溶水的调蓄机制时，涉及均衡区和均衡期的选择。无论是水文系统还是地下水系统，地下水调蓄的场所主要是在岩溶裂隙介质中，考虑确定各均衡项的难易程度，适度简化一些地表水和地下水内部转化的均衡项。在均衡区选择时，以岩溶流域作为均衡单元更妥，这样避免了单独去讨论地表水与地下水的相互转化关系，此时的岩溶水系统则主要指岩溶水文系统。

本书第一作者在美国留学期间对美国密苏里州梅勒梅克（Meramec）河流域进行了多次野外调查，收集了较为全面的气象、水文资料，开展过洪水风险分析等方面的研究，因此，选择湖北的香溪河流域和清江流域，以及美国的梅勒梅克河流域进行对比研究（图 7.1）。

香溪河流域与清江流域是鄂西典型的岩溶子流域，香溪河与清江均为长江的一级支流，香溪河流域位于长江北岸，清江流域位于长江南岸。两流域内的地形起伏均较大，以台原型溶丘洼地和中低山岩溶峡谷地貌为主，流域内整体坡度多为急陡坡（＞25°）。香溪河流域整体岩溶发育强度弱于清江流域。

梅勒梅克河流域是美国中部岩溶平原的典型岩溶子流域，是密西西比河右岸的一级支流，流域内地势相对平坦，整体坡度多为缓坡（＜5°），洞穴、岩溶洼地、岩溶泉等岩溶形态较为发育，梅勒梅克泉（Meramec Spring）是该流域内最大的岩溶泉。

香溪河流域气象水文资料收集自兴山县气象、水利部门，包括 1960 年以来兴山断面径流量及流域内多个气象站的观测资料。清江流域气象水文资料来源于恩施土家族苗族自治州水文水资源勘测局，包括 1960 年以来恩施断面径流量及流域内多个气象站的观测资料。梅勒梅克河流域的水文气象资料收集自美国地质调查局，包括 1922 年以来流域内多个水文站、地下水监测站及气象站的观测资料。

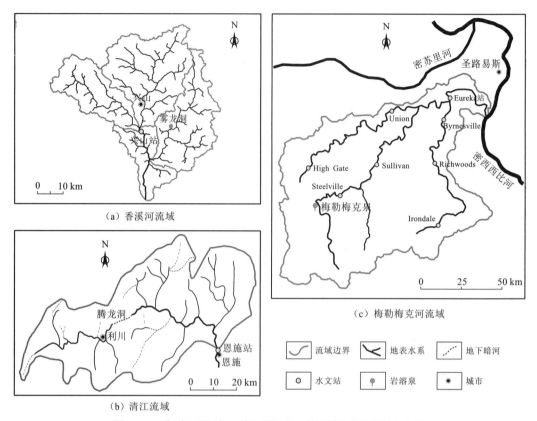

图 7.1　香溪河流域、清江流域、梅勒梅克河流域略图

7.2　调蓄系数的计算方法

对于一个完整的岩溶水系统，其某一均衡期内的水均衡方程可概化如下：

$$P = R + ET + \Delta S \tag{7.1}$$

式中：P 为降水量，mm；R 为径流量，mm；ET 为蒸散发量，mm；ΔS 为调蓄量，mm，即均衡期内的总降水量扣除总径流量与总蒸散发量后的相对变化量（储存量或释放量）。ΔS 为正值时说明在此均衡期内水量有盈余，表现为地下水的储存作用；ΔS 为负值时说明径流量中有来自地下水的补充，表现为地下水的释放作用。

降水量与径流量可通过建站观测得到，为计算地下水调蓄量，还需对蒸散发量进行估算。影响蒸散发的因素众多，包括温度、降水、湿度、风速、太阳辐射、包气带结构和下垫面结构等。前人在估算蒸散发量的研究中做过诸多尝试，其中高桥浩一郎（1979）考虑了影响蒸散发量最重要的两个因子（降水、温度），提出了陆面实际月蒸散发量计算的经验公式，并且得到了较为广泛的应用（刘彩红　等，

2012；郭洁 等，2008；宋正山 等，1999），如下：

$$ET_0 = \frac{3100P}{3100 + 1.8P^2 \exp\left(-\dfrac{34.4T}{235+T}\right)} \tag{7.2}$$

式中：ET_0 为月蒸散发量，mm；P 为月降水量，mm；T 为月均气温，℃。

为了使计算的年均蒸散发量（各月均蒸散发量之和）与实际观测的年均蒸散发量（年均降水量－年均径流量）保持一致，在月均蒸散发量计算中采用了比例系数（实际年均蒸散发量/计算年均蒸散发量）进行校正。

在考虑综合气象要素的蒸散发量计算模型中，Xu 等（2005）、刘健等（2010）利用基于 Penman-Monteith 方法改进的计算模型求取了南方季风气候区的月蒸散发量，将之与式（7.2）求取的结果进行比较，两者计算得出的每月蒸散发量占全年蒸散发量的比例系数较为一致。

陈植华等（2003）和邹胜章等（2005）曾对表层岩溶带水资源的调蓄系数做过定义。本书研究整个岩溶水系统的调蓄能力，其中包括表层岩溶带对岩溶水资源的调蓄贡献。考虑蒸散发量估算的时间尺度和具有调蓄意义的地下水滞留时间，本书选择以月作为单位均衡期进行估算，做出如下定义。

年调蓄量：一年内每月均衡期内储存量（或释放量）的总和，量纲为 L 或 L³。

年调蓄系数：年径流量中参与调蓄的比例，无量纲。

对于一个完整的岩溶水系统，在年均衡期内，其多年平均的月均储存量之和与月均释放量之和是相等的。丰水期储存的地下水量越多，则枯水期能释放的地下水量就越多。年调蓄量的大小表征一个岩溶水系统在丰水期、枯水期能参与储存与释放的水量大小，年调蓄系数则表示总径流量中参与调蓄的比例，两者综合反映了岩溶水系统的调蓄能力（罗明明 等，2016）。

7.3　径流转化与调蓄能力的关系

香溪河流域和清江流域均位于亚热带季风气候区，降水主要集中于 4～9 月，最小月降水量一般出现在 12 月至次年 1 月，最大月降水量一般出现在 6～7 月，4～9 月的降水总量占全年降水量的 76%～78%，最大月均降水量与最小月均降水量的比值为 8～11；梅勒梅克河流域处于温带大陆性气候区，靠近亚热带湿润气候区北缘，年均气温相对偏低（表 7.1），降水的季节分布相对均匀，最小月降水量一般出现在 1～2 月，最大月降水量一般出现在 4～5 月，最大月均降水量约是最小月均降水量的 2 倍（图 7.2）。

表 7.1　香溪河流域、清江流域、梅勒梅克河流域多年平均气象水文要素

流域名称	香溪河	清江	梅勒梅克河
控制断面	兴山	恩施	Eureka
集水面积/km^2	1900	2928	9810
年均气温/℃	17.2	16.8	12.5
年均降水量/mm	1101	1523	1046
年均径流量/mm	658	876	321
年均蒸散发/mm	443	647	725
年均调蓄量/mm	66	50	63
年均径流系数	0.60	0.58	0.31
年均调蓄系数	0.10	0.06	0.20

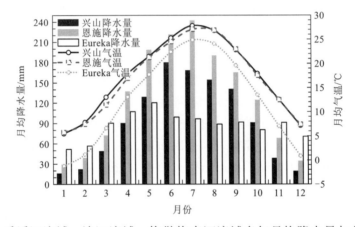

图 7.2　香溪河流域、清江流域、梅勒梅克河流域多年月均降水量与月均气温

　　对 1960～2012 年气象水文观测资料的分析，三个流域的年径流量与年降水量均呈现较好的线性正相关关系（图 7.3），相关系数都在 0.8 以上，相关直线的斜率大小反映了径流转化能力（包括地表径流和地下径流）的相对大小。在年降水量相同的条件下，梅勒梅克河流域的径流系数最低，香溪河流域和清江流域的年均径流系数（0.60、0.58）为梅勒梅克河流域（0.31）的两倍左右。

　　下垫面结构与气候条件的差异综合影响径流转化能力，三个岩溶流域在径流转化能力上存在明显差异。年径流量与年降水量的相关性越好，在各个年均衡期内，水量均衡程度高，说明当年的降水量能迅速地转化为地表径流，从上一年释放的水量或储存进入下一年的水量少，表明系统的调蓄能力弱。由图 7.3 可知，清江流域的年降水量与年径流量的离散程度最低，年度水量均衡程度最高，表明其调蓄能力最弱。

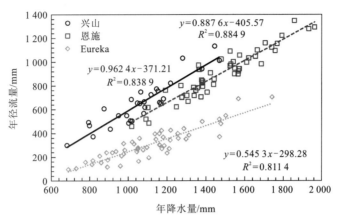

图 7.3　香溪河流域、清江流域、梅勒梅克河流域年降水量与
年径流量关系图

7.4　岩溶水调蓄的季节变化

香溪河流域与清江流域月均径流量的季节性变幅均较大，4～9 月是径流比较集中的时期（图 7.4），与区内降水量的季节分布规律相一致，月均径流量与月均降水量的相关性强，相关系数均在 0.85 以上（图 7.5）。梅勒梅克河流域的降水分布相对均匀，月均径流量的季节变幅也较小，而枯水期却出现在气温较高的 7～10 月。

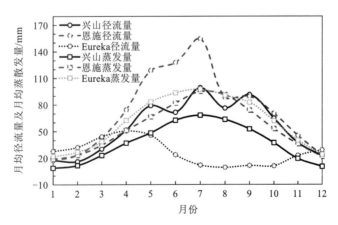

图 7.4　香溪河流域、清江流域、梅勒梅克河流域月均径流量与
月均蒸散发量变化曲线

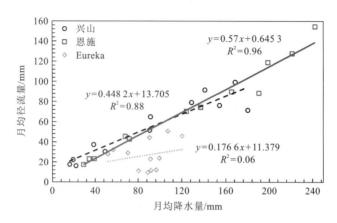

图 7.5　香溪河流域、清江流域、梅勒梅克河流域月均降水量与
月均径流量关系图

根据式（7.1），将月度均衡期计算中 ΔS 为正（或为负）的所有调蓄量累加得年均调蓄量。计算结果如下：香溪河流域 66 mm，清江流域 50 mm，梅勒梅克河流域 63 mm。清江流域的年均降水量与年均径流量、月均降水量与月径流量的相关性均最好，其年均调蓄量和年均调蓄系数（0.06）均最小（表 7.1）。清江流域岩溶地下河系统十分发育，地形坡度大，地表水与地下水的径流速度均较快，地下水的平均滞留时间短，因此在均衡期内达到水量平衡的速度快，年均调蓄量就偏小。梅勒梅克河流域虽然年径流的转化能力弱，但其岩溶发育程度相对偏弱，区内地势平缓，有利于地下水的储存，导致其年均调蓄系数（0.20）最高。

月均降水量与月均径流量的相关性好，则月均降水量和月均径流量相关关系的变化过程曲线相连而圈闭的面积小（Sen et al.，2006），说明地下水排泄迅速，大部分的地下水滞留时间小于一个月，水量能在一个月的均衡期内基本达到平衡。因此，月均降水量与月均径流量的关系曲线圈闭的面积越小、相关系数越大，则说明地下水能参与年内调蓄的水量就越小，也说明岩溶水系统的调蓄能力越弱（罗明明 等，2016）。

在季节分布上，香溪河流域与清江流域的地下水储存主要发生在 4～9 月（图 7.6），与降水量的集中分布的月份一致，说明地下水的储存主要发生在雨季，而地下水储存量的释放则主要发生在旱季。由于梅勒梅克河流域没有明显的旱季与雨季之分，地下水的储存主要发生在温度较低、蒸散发较少的月份，其中包括月均降水量较低的 12 月和 1 月，而在温度较高、蒸散发量较大的 4～9 月表现为地下水的释放，说明降水在夏季受强烈蒸散发影响，减少了向径流的转化。

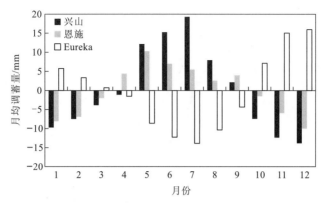

图 7.6　香溪河流域、清江流域、梅勒梅克河流域月均调蓄量（三月移动平均值）

7.5　岩溶水系统的调蓄能力

梅勒梅克泉是梅勒梅克流域内出露的最大的岩溶泉，该泉的补给面积为 803 km^2。基于 1965～1986 年的观测数据统计，梅勒梅克泉的年均流量为 4.4 m^3/s，年均径流深度为 174 mm，年均降水补给系数为 0.16。

图 7.7 显示了梅勒梅克河流域内 8 个水文站 1960～2012 年的月均径流量变化过程，各站的地表径流量在枯水期（7～10 月）与梅勒梅克泉的径流量几乎一致，说明地表水与地下水月均径流量的差异主要发生在丰水期。利用梅勒梅克泉与其下游河流断面斯蒂尔维尔（Steelville）水文站的月均径流量差值，得出月均直接径流量的季节变化过程（图 7.8），说明枯水期的地表径流主要来自于地下水的排泄，地下水处于释放储存量的阶段。梅勒梅克泉的月均径流量的季节变化过程即是地下径流对地表径流的贡献过程。在年均衡期内，地下径流对地表径流的贡献比例为 0.54，而参与调蓄的地下水量比例为 0.36（年均调蓄量/年均径流深度，63 mm /174 mm）。

将梅勒梅克流域内 10 个地下水监测站的多年月平均地下水位变幅进行标准化处理后取平均值（图 7.7），夏季气温较高月份的地下水位随时间呈现显著下降趋势，说明正在释放储存的地下水；而在地下水位上升的月份，则表明地下水的储存在不断增加（罗明明 等，2016），这与梅勒梅克河流域调蓄量的季节变化过程具有较好的对应关系。

在雾龙洞流域内，无地表水系发育，封闭的岩溶洼地与落水洞在补给区十分发育，形成集中灌入式补给通道。基于雾龙洞电站 2010～2015 年观测数据的统计，雾龙洞的年均流量为 0.15 m^3/s，年均径流深度为 550 mm，年均降水补给系数为 0.58，雾龙洞月均径流量变化过程如图 7.9 所示。

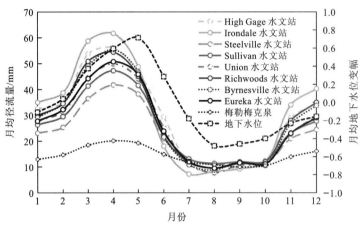

图 7.7　梅勒梅克河流域各水文站月均径流量、梅勒梅克泉月均径流量、
梅勒梅克河流域月均地下水位变幅

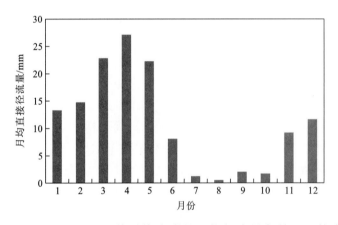

图 7.8　Steelville 水文站与梅勒梅克泉的月均径流量之差（月均直接径流量）

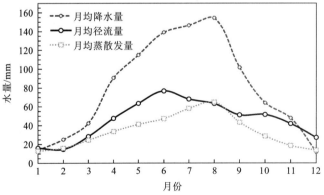

图 7.9　雾龙洞月均降水量、月均径流量和月均蒸散发量

雾龙洞月均调蓄量的季节变化过程如图 7.10 所示，年均调蓄量为 59 mm，年均调蓄系数为 0.11，与香溪河流域的年均调蓄系数（0.10）相当，说明岩溶泉的调蓄过程与岩溶流域的调蓄过程几乎一致，因为两者有着极为相似的水文动态响应过程和调蓄机制（Luo et al.，2016c）。在集中补给条件下，从岩溶管道排泄的快速流的平均滞留时间很短，未能及时充分地储存进入裂隙介质而形成有效的调蓄量，类似于岩溶流域地表直接径流的快速衰减，说明调蓄的场所主要位于裂隙介质中。

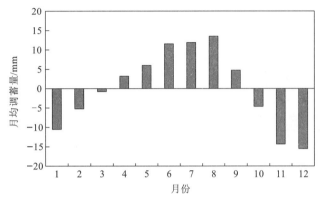

图 7.10　雾龙洞月均调蓄量（三月移动平均值）

岩溶水系统在丰水期接收了大量的降水补给，地下水位上升，除了通过岩溶管道直接排泄的快速流外，其余大部分水量被储存进入裂隙介质中；当枯水期水位下降，岩溶裂隙则不断释水，从而裂隙介质起到了不断储水与释水的调蓄作用，成为岩溶水系统中地下水调蓄的主要媒介（罗明明 等，2016）。

对于岩溶水系统调蓄能力的评价，首先需要获取其径流量和气象数据，通过气象数据估算系统的蒸散发损失量，然后基于水均衡原理，计算每月的储存量或释放量，从而可以获取整个岩溶水系统的年调蓄量和年调蓄系数。对于规模尺度相近的岩溶水系统，调蓄能力主要受流域下垫面结构和岩溶发育程度的控制，流域坡度越大，植被越稀少，岩溶管道越发育，则形成直接径流或快速径流的比例高，参与调蓄的地下水量则减少，因而调蓄能力就越弱。而在下垫面结构和含水介质结构相似的情况下，岩溶水系统的规模越大，则径流对降水补给的响应和延迟时间就越长，达到水均衡所需的时间也越长，因此调蓄能力增强。例如，在仅以大气降水为补给源的两个不同流量大小的岩溶泉中，小泉总是在枯季容易干涸，而大泉比较耐旱，在非常干旱的季节也能保持涓涓细流，这便是由于大泉的系统规模比小泉大，最近时段降水补给产生的延迟效应还未结束，假使长期干旱下去，大泉也会因为降水补给延迟效应的结束而逐渐干涸。如果两个岩溶水系统岩溶发育程度不同，则介质以溶蚀裂隙为主的，可能呈现更大的延迟。许多处于山区高处、补给区有限的裂隙水往往常年保持细小的泉流。

第 *8* 章

岩溶水循环的数学模型

8.1　物理概念模型

一个开放的系统总与外界环境有着物能交换，这种交换可以是物理的，也可以是化学的。由于不同的运动过程所遵循的动力学原理不同，在一个受多种过程支配的非线性系统中，任何一点的状态都是多种因素或多种运动过程在该点协同的结果。系统科学提出，暂时撇开具体的物质运动形式，着眼于系统与外界环境的关系，用输入、响应和输出阐述两者的因果联系，从而构建数学模型（徐恒力，2009）。来自系统外部环境，使系统内部状态发生变化的作用称为输入。在输入的作用下，系统内部的状态表现称为系统的响应。由于输入的激励，系统会对外界环境产生反作用，这种来自系统的作用称为系统的输出。对于本书研究的岩溶水系统的水循环过程而言，输入是指大气降水的时间序列，而岩溶水系统出口的径流排泄即为输出。

认识岩溶水系统的空间结构和岩溶水循环的物理机制，是建立岩溶水循环的物理概念模型和数学模型的前提，对系统结构的认知深度直接关系模型本构关系建立的正确与否，从而也决定模型的可信度。一个符合实际条件的数学模型，可以较好地反映系统输入（大气降水补给过程）和输出（岩溶水文过程）之间的关系，可用于岩溶水资源评价，最终实现服务社会的目标。

物理概念模型是构建数学模型的基础。由岩溶水循环的物理机制分析可知，从系统输入到输出过程中，岩溶水循环总体可以概化为两大过程：补给-响应过程和调蓄-衰减过程。

当大气降水降落至地表，首先在满足积累蒸散发产生的前期需水量后，开始产生有效补给。当降水强度较小时，未形成明显的坡面流，则主要通过溶蚀裂隙分散补给进入含水层；当降水强度较大，岩溶洼地或落水洞开始汇集坡面流，则同时存在落水洞集中补给与裂隙分散补给两种方式（图 8.1）。

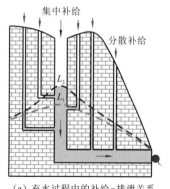
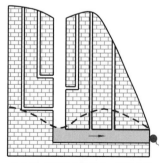

（a）充水过程中的补给-排泄关系　　　　　（b）释水过程中的补给-排泄关系

图 8.1　补给-调蓄-排泄的物理概念模型

岩溶水系统内部相当于一个滤波器，对不同的输入信号会产生不同的响应和输出。即使两次降水事件的总雨量相等，但当时间序列的分布特征有差异时，输出波形也将有明显差别。例如，图 8.2 中 P_1 和 P_2 两次降水事件的总雨量相等，但 P_1 的持续时间长、降水强度偏小，假如两次降水均产生了明显的管道集中补给，由于 P_2 降水强度大，产生的集中补给量也大，因此形成了更高的管道水位（L_2）（图 8.1），产生的瞬时洪峰峰值也更大。而 P_1 降水由于持续时间长，不同单位时间内的降水分别产生了各自的响应脉冲，而各脉冲的峰值并不在同一时刻，因此叠加后的总峰值流量（Q_1）比 P_2 降水事件产生的峰值流量（Q_2）小。

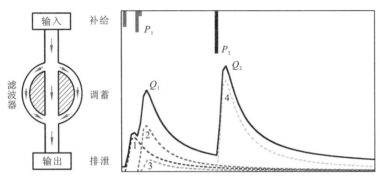

图 8.2　输入-输出脉冲叠加示意图

在有强烈降水补给的丰水期，地下水获得降水补给后，岩溶管道的水位迅速上升，比周围的裂隙水位增长速度快，从而岩溶管道水位比周围裂隙水位高，导致管道水补给周边裂隙水。当岩溶管道中的水位迅速下降时，周围裂隙水位并不同步下降，而要缓慢得多，导致裂隙水位比岩溶管道水位高，裂隙水必然向最近的岩溶管道汇集，形成枯水期岩溶泉或地下河的补给来源（图 8.1）。岩溶管道的存在，使快速流能迅速地到达岩溶水系统出口，造成流量的急骤上涨，表现为流量对降水事件的快速响应；同时，由于大管道的释水过程快，小裂隙的释水过程慢，岩溶水系统出口的排泄流量表现为多级衰减过程。岩溶管道与裂隙的双向补给模式，以及裂隙储水与释水交互发生，正是岩溶裂隙调蓄作用的体现。

由于岩溶水系统中多重介质（管道、裂隙）的存在，形成了多尺度的径流通道。大尺度的径流通道（岩溶管道）为优先流提供快速通道，引起岩溶水对降水的快速响应，为多次快速脉冲的叠加提供了可能。小尺度的径流通道（裂隙）在补给与排泄过程中分别起到储水和释水的调蓄作用，造成水文过程曲线的"拖尾"（衰减）现象。不同时刻的降水事件构成岩溶水系统的输入序列，根据前期需水量的不同，将分别产生峰值量级不同的脉冲过程，在岩溶水系统内部进行组织与协调，不同时间序列的脉冲过程叠加后即为总水文过程。

岩溶水系统是一个非线性系统，从输入到响应及输出之间存在复杂的信号变换关系，输入信号变成响应信号不是瞬间完成的，往往在输入与输出的信号变化中存在滞后、延迟和叠加效应（徐恒力，2009）。

1. 滞后效应

当降水事件发生时，由于入渗水流要通过包气带方可到达饱水带，这一过程需要花费一定的时间，即降水不会瞬间传递到地下水面。地下水面和出口流量做出反应的时间必定晚于降水的时间，两者存在一定的时间差（滞后时间）。滞后效应与包气带的岩性、厚度等自身结构有关。

2. 延迟效应

由单脉冲输入信号激励而引起的连续、长时间的响应过程，称为延迟效应。延迟效应是系统维系自身稳定，化解外来干扰的一种固有能力。降水一般是间断的，一次降水可以当作一个集中且持续时间很短的脉冲信号。对岩溶水系统而言，接纳、适应某一次降水的脉冲作用，也必须通过内部结构尤其是软结构的调整，如压力、水量的再分配，以维持自身的稳定。与滞后时间相比，这一过程需要更长的时间且是连续的，于是响应曲线呈现先急剧上升，达到峰值后，又缓慢衰减的形状（图 5.1）。

3. 叠加效应

由于各脉冲信号是间断输入的，其时间间隔较延迟效应持续的时间要短得多，当某一输入信号所形成的响应过程尚未结束时，另一个输入信号又开始激励系统，于是不同时刻输入所形成的多个延迟过程会在时间和空间上叠加（图 8.2），从而呈现实际观测的地下河或泉流量动态变化的现象（徐恒力，2009）。

8.2　理论数学模型

在 8.1 节归纳的物理概念模型基础上，基于水均衡原理、单位水文过程的脉冲函数和滤波叠加原理探讨岩溶水系统的降水-径流理论数学模型。

Criss 等（2008a，c，2003）基于达西定律和布西内斯克方程联立求解得到一个单参数的水文脉冲函数，该函数适用于拟合对降水补给事件响应灵敏的水文过程和水文地球化学过程，并且该函数在多个案例研究中都得到了比较理想的应用（Yang et al.，2013；Criss et al.，2008a；Winston et al.，2004），在 4.1 节和 5.1 节的示踪剂运移过程、水文响应和电导率响应过程的拟合中都取得了较为理想的结果。

水文脉冲函数的推导过程如下。

　　均质含水层中潜水的一维线性渗流规律可用达西定律来表示：

$$Q = -AK\frac{\partial h}{\partial x} \tag{8.1}$$

式中：Q 为渗透流量；A 为渗流断面面积；K 为渗透系数；∂h 为两断面上的测压水头差；∂x 为两断面间的距离；$\partial h/\partial x$ 为水力坡度。

　　布西内斯克微分方程可描述潜水的流动，将布西内斯克方程线性化后，潜水一维流动方程可表示如下：

$$\frac{\partial h}{\partial t} = D\frac{\partial^2 h}{\partial x^2} \tag{8.2}$$

式中：h 为水头；t 为时间；D 为水力扩散系数，L^2/T；x 为水平距离。

　　集中性的次降水事件对岩溶水系统的补给输入过程，可以近似为平面瞬时点源补给，多次降水事件则形成多个脉冲式输入。在瞬时脉冲式输入下，潜水一维流动方程的基本解如下：

$$h = B + \frac{C}{\sqrt{\pi Dt}}e^{-x^2/4Dt} \tag{8.3}$$

式中：B 为初始水头；C 为常数。

　　为了得出岩溶水系统排泄出口流量对降水补给事件的响应过程，将脉冲输入后得出的潜水一维流动方程基本解 [（式 8.3）] 代入达西公式 [式（8.1）]，解得

$$Q = A\left(\frac{KCx}{2D\sqrt{\pi D}}\right)\left(\frac{1}{t}\right)^{3/2}e^{-x^2/4Dt} \tag{8.4}$$

　　在式（8.4）中，以 t 为自变量，Q 为因变量，当 t 取 $x^2/6D$ 时，Q 取得最大值 Q_p，如下：

$$Q_p = A\left(\frac{KCx}{2D\sqrt{\pi D}}\right)\left(\frac{6D}{x^2}\right)^{3/2}e^{-3/2} \tag{8.5}$$

　　通过将式（8.4）与式（8.5）相比，便得到水文脉冲函数（Criss et al.，2008a，c，2003），如下：

$$\frac{Q}{Q_p} = \left(\frac{2e\tau}{3t}\right)^{1.5}e^{-\tau/t} \tag{8.6}$$

$$t_p = \frac{2}{3}\tau \tag{8.7}$$

式中：Q 为任意时刻的流量；Q_p 为峰值流量；t 为脉冲起始时刻之后的历时；e 为自然常数（欧拉数）；τ 为系统的时间常数，其值为 $x^2/4D$。理论响应时间为 $2\tau/3$（t_p 为自脉冲输入后，达到峰值的耗时），理论响应时间要小于实际延迟时间，因

为降水入渗要通过包气带方可到达地下水面，这一过程需要花费一定的时间（滞后时间）。Q/Q_p 为 0～1，无量纲。

在水文脉冲函数 [式（8.6）] 中，τ 为决定水文过程曲线形态的关键参数，水文过程曲线的形态是岩溶水系统内部这个复杂的滤波器调节后的输出结果。在此，对 τ 的物理意义作进一步探讨。

对于一个具有明确输入端与输出端的岩溶水系统而言，$x^2/4D$ 中的 x 实为系统输入端与输出端的距离，可用 L 代替，而水力扩散系数（D）可表达为（陈崇希 等，2011）

$$D = \frac{Kh_m}{\mu_d} \tag{8.8}$$

式中：h_m 为潜水含水层厚度；μ_d 为重力给水度。

则 τ 取决于系统输入端与输出端的距离（L）、渗透系数（K）、含水层厚度（h_m）和重力给水度（μ_d），表达式（8.9）为

$$\tau = \frac{\mu_d L^2}{4Kh_m} \tag{8.9}$$

因此，τ 是岩溶水系统结构的一个集总式参数，综合反映了岩溶水系统的规模和含水介质的特征。

另外，对于一个完整的岩溶水系统而言，在次降水事件的响应与延迟周期内，其水均衡方程可概化为

$$P = R + ET \tag{8.10}$$

式中：P 为次降水量，mm；R 为径流深度（包括地表水和地下水），mm；ET 为蒸散发量，mm。

岩溶水系统的有效补给范围经常会因为复杂的水文地质结构或补给条件而产生时空变化（Di Matteo et al.，2013；Winter，1999）。以雾龙洞为例，在雾龙洞流域范围内无常年性地表水系发育，暴雨后短时的坡面流也都通过岩溶漏斗或落水洞转为地下径流，因此均衡项中的地表径流可以忽略不计。雾龙洞为接触下降泉，具有唯一的排泄出口，补给范围小、水文地质结构相对简单，补给和排泄相对固定，因此式（8.10）可以较为准确地描述雾龙洞的水均衡状态。

如果次降水产生的地下径流深度（即有效补给降水量 P_{eff}）和集水面积（A）已知，次降水产生的总径流量如下：

$$V_{event} = R_{event} \cdot A = R_{eff} \cdot A \tag{8.11}$$

同时，次降水产生的总径流量可以通过对水文脉冲函数的积分得到

$$V_{event} = \int_0^{+\infty} Q_p \left(\frac{2e\tau}{3t}\right)^{1.5} e^{-\tau/t} dt = Q_p t \sqrt{\pi} \left(\frac{2e}{3}\right)^{1.5} \tag{8.12}$$

式（8.11）等于式（8.12），两式联立解得峰值流量的理论计算公式如下：

$$Q_{\mathrm{P}} = \frac{P_{\mathrm{eff}} \cdot A}{\tau \sqrt{\pi} \left(\dfrac{2\mathrm{e}}{3} \right)^{1.5}} = MP_{\mathrm{eff}} \tag{8.13}$$

再将式（8.13）代入式（8.6），则得到次降水的单参数（τ）理论水文模型，如下：

$$Q_{\mathrm{event}} = MP_{\mathrm{eff}} \left(\frac{2\mathrm{e}\tau}{3t} \right)^{1.5} \mathrm{e}^{-\tau/t} \tag{8.14}$$

对于长时间序列的多次降水事件输入信号，每一次有效降水都将产生一个新脉冲，如图 8.2 中的虚线所示，总水文过程曲线则是多次脉冲叠加后的结果，表达为

$$Q_{\mathrm{t}} = \sum_{i=1}^{m} MP_{\mathrm{eff}i} \left(\frac{2\mathrm{e}\tau}{3t} \right)^{1.5} \mathrm{e}^{-\tau/t} \tag{8.15}$$

式中：Q_t 为岩溶水系统总排泄出口任意时刻的流量；m 为降水事件的数量。

在式（8.13）中，如果补给面积（A）已知，则只有一个模型参数 τ，M 取决于补给面积和 τ。但降水序列作为输入信号后，需要先转化为有效补给降水量（P_{eff}）之后才能产生新的脉冲。

在补给过程中，仅当入渗的降水补足了前期的土壤或表层岩溶带的水分亏损之后，才会产生新的有效补给（Hartmann et al.，2014；Winston et al.，2004）。在本书的研究中，利用累积蒸散发损失量来估算前期需水量。例如，对于图 8.2 中的降水事件 P_2 而言，其雨前的累积水分亏损量（$\mathrm{ET}_{\mathrm{cum}}$，前期需水量）为 T_1 和 T_2 时刻之间的蒸散发损失量总和（图 8.3），计算如下：

$$\mathrm{ET}_{\mathrm{cum}} = \sum_{T_1}^{T_2} \mathrm{ET} \tag{8.16}$$

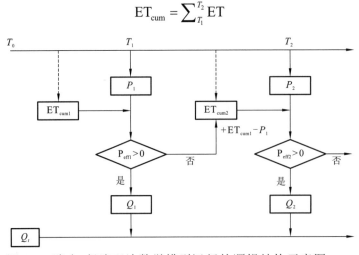

图 8.3　降水-径流理论数学模型运行的逻辑结构示意图

当降水事件 P_2 出现时，它首先需要补充前期需水量，然后剩余的降水量才会成为有效补给降水量，进而产生新的径流。如果本次降水总量不能满足前期的亏损量，其只能补充前期土壤的水分损失，不能产生新的径流，直到下次足够大的降水补足了所有的前期水分亏损量之后才会产生新的径流（图 8.3）。

$$P_{\text{eff}} = P_2 - \text{ET}_{\text{cum}} \tag{8.17}$$

8.3　模型参数估算方法

岩溶水模拟中所需的水文地质参数一般在野外难以直接测量得到，所以经常通过校正而得到最优参数。降水-径流模型对岩溶水文过程的简化，或者缺乏关键的信息或测量手段，常常导致模型参数难以确定（Hartmann et al.，2014）。

在本书提出的降水-径流理论数学模型中，如果补给面积已知，则只有一个模型参数（τ）；如果补给面积未知，则变为两参数（τ 和 M）模型。τ 取决于水文过程曲线的形态和响应时间，如果 τ 大，则曲线的跨度宽，延迟历时长。τ 可通过拟合实测水文过程曲线而得到，只需提供几个洪峰过程的数据便可实现模型参数的获取。以雾龙洞为例，通过拟合雾龙洞的实测水文过程曲线（图 8.4），得其最优 τ 为 0.8 d，对于不同流量量级的峰值过程，雾龙洞水文过程曲线的 τ 近乎固定值。

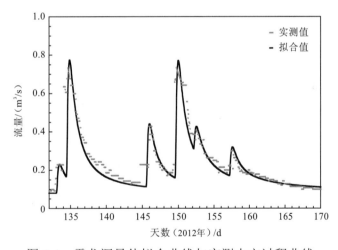

图 8.4　雾龙洞最佳拟合曲线与实测水文过程曲线

根据式（8.13），M 由有效降水量与其产生的峰值流量的相关直线斜率来决定，它取决于系统的补给面积和 τ。实际情况中，降水事件之后的实测峰值流量与次有效补给降水量之间的相关关系是较为离散的，原因是降水往往具有一定的持续时间，而非一个个单一的瞬时脉冲，且实测峰值流量还叠加了雨前的基流，其大于有效降水产生的单次水文过程的峰值流量。在相同降水量的情况下，降水持续时间越长，会削减流量峰值，因为总水文过程曲线代表的是不同时刻产生的水文脉冲的叠加，而在持续时间较长的降水事件中，不同时刻脉冲的峰值在不同的时间点上，叠加后产生的总流量峰值低于集中降水事件产生的单一脉冲流量峰值（图 8.2）。

由于降水强度和前期需水量的差异，次降水量与实测峰值流量相关关系的离散程度高，但总体仍表现为正相关关系（图 8.5）。通过式（8.17）计算得到有效次降水量后，其与实测峰值流量的离散程度有所降低，线性相关系数也更高。通过线性拟合得出两条相关直线的斜率值为 $0.0166 \times 10^{-3} \sim 0.0239 \times 10^{-3}$ m^2/s，由此提供了模型运行中初始 M 的参考值。

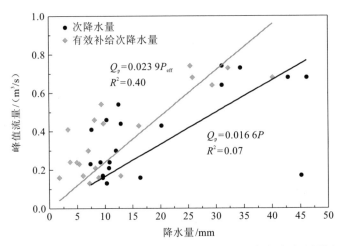

图 8.5　雾龙洞实测峰值流量与次降水量和有效补给次降水量的相关关系

实际降水事件往往具有一定的持续时间，不是瞬时的脉冲输入信号，因此通过拟合实测峰值流量与有效补给降水量的线性关系来求取 M 的效果欠佳。如果在一个长的时间尺度里，已获得了完整的气象水文观测资料，泉流量与有效补给降水量都已知，则可通过模拟初始条件下的总径流量（V_{model}，设 $M=1$ 时的模拟值）与实测总径流量（V_{obs}）的比值来求取：

$$M = \frac{V_{\text{obs}} - V_{\text{base}}}{V_{\text{model}}} \times 10^{-3} \qquad (8.18)$$

雾龙洞 2012 年实测的总径流量为 4.02×10^6 m^3。将日降水量作为输入序列，通过计算有效降水量，τ 和 M 分别取 0.8 天和 1×10^{-3} m^2/s，当初始条件的基流为 $0 \sim 0.06$ m^3/s 时，对应得到的 M 为 $0.0171 \times 10^{-3} \sim 0.0322 \times 10^{-3}$ m^2/s（表 8.1）。雾龙洞在枯季的基流量为 $0.04 \sim 0.05$ m^3/s，初始条件的基流宜取值在此范围内，因此初始 M 的参考值为 $0.0196 \times 10^{-3} \sim 0.0221 \times 10^{-3}$ m^2/s。

表 8.1　不同初始条件基流值的 M 值计算结果

基流/（m³/s）	M/（10^{-3}m²/s）
0	0.0322
0.02	0.0271
0.04	0.0221
0.05	0.0196
0.06	0.0171

8.4　模型校正方法

水文模型在径流模拟和预测过程中总会遇到各种各样的误差，误差来源包括模型结构的缺陷、输入数据的不确定性、模型参数的不精确、模型初始条件的选择等（Wu et al.，2015）。本书提出的降水-径流数学模型在校正时，将模拟得到的水文过程曲线与实测水文过程曲线对比，通过调整 τ 和 M，当纳什效率系数（Nash-Sutcliffe efficiency，NSE）(Nash et al.，1970)、体积效率系数（volumetric efficiency，VE）（Criss et al.，2008b）、相关系数 R^2 取得最大值，均方根误差（root mean square error，RMSE）（Ajmal et al.，2015）取得最小值时，即认为此时的模型参数为最优值。

$$\mathrm{NSE} = 1 - \frac{\sum_{i-1}^{n}(Q_{\mathrm{obs}} - Q_{\mathrm{sim}})_i^2}{\sum_{i-1}^{n}(Q_{\mathrm{obs}} - \overline{Q}_{\mathrm{obs}})_i^2} \tag{8.19}$$

$$\mathrm{VE} = 1 - \frac{\sum_{i-1}^{n}|Q_{\mathrm{obs}} - Q_{\mathrm{sim}}|_i}{\sum_{i-1}^{n}(Q_{\mathrm{obs}})_i} \tag{8.20}$$

$$\mathrm{RMSE} = \sqrt{\frac{1}{n}\sum_{i=1}^{n}(Q_{\mathrm{obs}} - Q_{\mathrm{sim}})_i^2} \tag{8.21}$$

式中：n 为时间步长总数；i 为 $1 \sim n$ 的任意数；Q_{obs} 为实测流量；$\overline{Q}_{\mathrm{obs}}$ 为实测平均流量；Q_{sim} 为模拟流量。当 NSE、VE、R^2 越接近 1，RMSE 越接近 0 时，说明模拟结果越好。

第 9 章

岩溶水文过程模拟案例

9.1　蒸散发量估算

本章选取雾龙洞作为典型岩溶水系统,对第 8 章提出的降水-径流数学模型加以实践与运用,探讨模型的可靠性与适用性。

在径流模拟过程中,为计算有效补给降雨量,需要对累积蒸散发损失量(前期需水量)进行估算。有效降水量受多种因素的复杂影响,包括降雨频率和强度、土地利用类型、土壤含水量、地下水位埋深、下垫面条件等(Bos et al.,2008;Feddes et al.,1988)。在一个水文年内,实际蒸散发量随着气象条件、太阳辐射和下垫面条件等的时间变化而发生改变。为了估算雨前累积蒸散发损失量(前期需水量),在此用两种方法估算年内实际蒸散发量的分布曲线。

通过对多年水文观测数据的分析,雾龙洞流域内的年均降水量和径流深度分别为 952 mm 和 550 mm。基于年度水均衡方程,则其年均实际蒸散发量为 402 mm(年均降水量－年均径流深度,952 mm－550 mm)。兴山站利用 E601 型蒸发皿观测的多年平均水面蒸发量为 798 mm。首先计算出多年平均陆面蒸散发量与水面蒸发量之间的折算系数为 0.5(年均蒸散发量/年均水面蒸发量,402 mm/798 mm),假设这个折算系数是恒定的,则可用水面蒸发量的年内分布曲线折算出陆面蒸散发量的年内分布曲线,如图 9.1(a)所示。

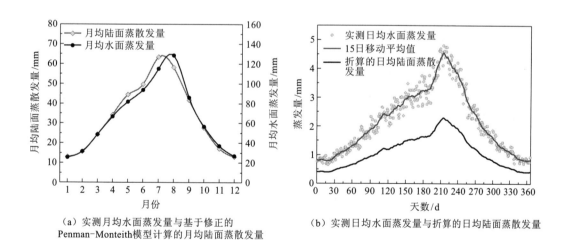

(a)实测月均水面蒸发量与基于修正的　　　　(b)实测日均水面蒸发量与折算的日均陆面蒸散发量
Penman-Monteith模型计算的月均陆面蒸散发量

图 9.1　蒸散发量的估算

在我国南方亚热带季风气候区,前人利用修正的 Penman-Monteith 模型对月均陆面蒸散发量进行估算(刘健 等,2010;Gong et al.,2006;Xu et al.,2006,2005),借鉴前人研究成果中的月均陆面蒸散发量占年均陆面蒸散发量的比例系数,再以雾龙洞年均实际蒸散发量(402mm)为基数,计算出各月的陆面蒸散发量，如图 9.1（a）所示，其与 0.5 倍的兴山站月均水面蒸发量曲线的形态十分吻合。通过对比得出，基于修正的 Penman-Monteith 模型计算和利用 0.5 倍的兴山站月均水面蒸发量折算这两种方法估算得出的研究区月均陆面蒸散发量的结果极为相近，说明在研究区使用折算系数 0.5 是比较合理的。

对兴山站 20 年的日水面蒸发量取算术平均，对其 0.5 倍折算后，得出折算的日均陆面蒸散发量，如图 9.1（b）所示。在模型运行中，日均蒸散发量数据被嵌入模型中，被用于计算次降水前的累积蒸散发损失量（前期需水量）。在以小时为步长的模拟中，日蒸散发量数据被平均分割成时蒸散发量（1/24 日蒸散发量）嵌入模型中进行计算。

9.2　径流过程模拟

9.2.1　日步长与时步长模拟过程

在本书提出的降水-径流数学模型运行过程中，当取得了研究区的年内实际蒸散发分布曲线以后，则可计算每次降水事件的累积蒸散发损失量（前期需水量）。有效降水量通过日降水或时降水扣除前期需水量后计算得到。单次脉冲则由每一个时间步长上的有效降水输入产生。在长时间尺度上，总水文过程曲线由所有的单次脉冲水文过程曲线叠加而成。当调整模型参数取得最大的 VE、NSE、R^2 和最小的 RMSE 时，即可以确定为系统最优的 τ 和 M。

将黄粮气象站 2012 年的日降水序列和时降水序列分别作为输入端，雾龙洞 2012 年的实测径流过程被用于模型的测试和校正，分别进行日步长和时步长的模拟。在日步长模拟中，最优 M 为 0.022×10^{-3} m^2/s，最优 τ 为 0.8 d。模型验证中，得到最优的 VE 为 0.59，NSE 为 0.84，R^2 为 0.91，RMSE 为 0.08（表 9.1，图 9.2）。对于时步长模拟，最优模型参数值与日步长模拟的差别较小，最优 M 为 0.0195×10^{-3} m^2/s，最优 τ 为 0.85 d。模拟结果拟合程度最高时的 VE 为 0.60，NSE 为 0.89，R^2 为 0.92，RMSE 为 0.07（表 9.1，图 9.3）。

表 9.1　日步长与时步长模拟结果

参数	日步长模拟	时步长模拟	日步长模拟无蒸散发输入	日步长模拟无蒸散发输入
M/（10^{-3} m^2/s）	0.022	0.0195	0.022	0.0195
τ/d	0.80	0.85	0.80	0.85
VE	0.59	0.60	0.44	0.35
NSE	0.84	0.89	0.64	0.51
R^2	0.91	0.92	0.86	0.86
RMSE	0.08	0.07	0.12	0.14

注：表中的计算结果未包含基流初始值

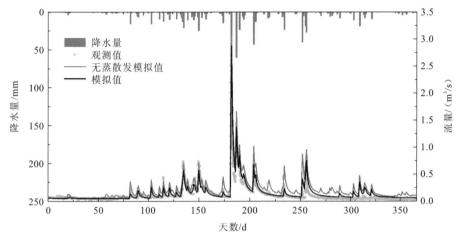

图 9.2　日步长模拟结果

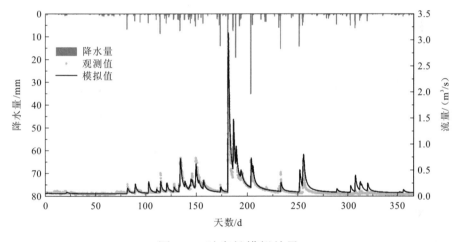

图 9.3　时步长模拟结果

　　如果在模拟中去掉实际蒸散发量估算模块，则每次降水事件前都不会有前期需水量的扣除，每一次降水，无论其量级大小，都会产生一个新的脉冲，对地下水产生新的补给。如图 9.2 所示，无蒸散发模块的总水文过程曲线中出现了许多小的波峰，而这些小波峰在实测水文过程曲线中并没有出现。相比嵌入蒸散发模块的模拟结果，在相同模型参数情况下，无蒸散发模块模拟结果的 VE、NSE、R^2 偏低，RMSE 偏高，说明无蒸散发模块的模拟结果较差（表 9.1）。实际蒸散发模块的嵌入对总水文过程产生了明显的滤波作用，将那些次降水量小、不足以满足前期需水量的次降水事件过滤掉，不产生新的补给增量，因此更接近实际的水文过程。

9.2.2　日步长与时步长模拟结果对比分析

日步长和时步长均能模拟各个独立的洪峰过程，过滤掉了无效降水事件，并且在丰水期的降水事件后都显示极快的响应。图9.4是雾龙洞2012年丰水期的观测水文过程与模拟水文过程。从水文过程曲线的形态来看，时步长模拟结果与实测水文过程更为接近。日步长模拟简化集中了降水事件的响应，因此不能模拟一天中可能出现多个洪峰的现象。例如，在第142～148个日步长，时步长模拟出了四个小的波峰，而日步长模拟中只有一个波峰出现（图9.4）。

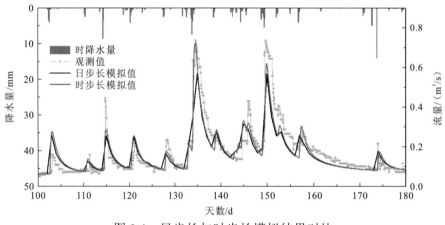

图9.4　日步长与时步长模拟结果对比

当模拟时步长小于理论响应时间（$2\tau/3$）时，模型可捕捉到系统中每一次降水事件引起的响应。当模拟时步长大于理论响应时间时，对于密集出现的降水事件，则会笼统地将连续降水事件概化为一次集中输入，减少了模拟波峰的数量。由前文的示踪试验和水文响应分析结果可知，研究区的岩溶水系统对集中补给事件的响应时间往往只有几个小时，小于一天的时步长，因此模拟的时步长需要尽量小于实际水文过程的响应时间，才能捕捉到较为准确的洪峰时刻和波峰数量。

9.3　模型可靠性检验

9.3.1　模拟结果误差分析

丰水期的次降水量大且降水事件集中，其模拟结果明显优于枯水期。在枯水期，岩溶泉的流量主要由基流组成，补给事件少，新产生的水文响应脉冲也少，其模拟结果主要取决了基流初始条件。以月为单位进行模拟径流量的误差分析，丰水期月份的误差相对偏小。以降水事件周期为单位进行误差分析，由于降水事件主要发生在夏季，其模拟结果与观测流量更为接近（图 9.5，表 9.2），说明此模型擅长于模拟降水事件集中的水文过程，尤其适用于洪水的模拟预测。

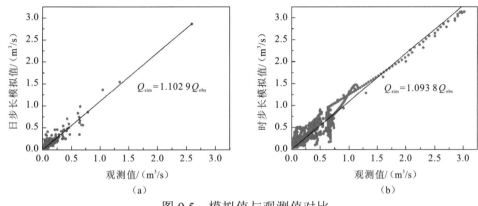

图 9.5　模拟值与观测值对比

表 9.2　模拟结果误差分析

月份	V_{obs}/m³	V_{model}/m³	相对误差/%	天数序列/d	V_{obs}/m³	V_{model}/m³	相对误差/%
1	175 665	143 277	−18	100～110	67 356	91 179	35
2	114 817	126 912	11	110～114	29 901	34 595	16
3	182 834	178 903	−2	114～120	69 670	71 602	3
4	235 322	268 464	14	120～127	69 290	80 131	16
5	643 286	558 985	−13	127～132	49 868	44 275	−11
6	553 947	487 047	−12	132～142	276 554	232 320	−16
7	1 186 509	1 304 623	10	142～149	115 046	114 728	0
8	295 709	302 881	2	149～156	257 079	180 747	−30
9	270 152	471 915	75	156～173	204 974	168 624	−18
10	128 055	228 442	78	173～180	50 554	55 523	10
11	139 932	340 199	143	180～203	1 137 410	1 230 140	8
12	98 050	190 343	94	203～232	415 152	443 196	7
总和	4 006 494	4 587 788	15	总和	2 742 853	2 747 060	0

注：表中的计算基于时步长模拟结果，包含了基流初始值 0.05 m³/s；相对误差=（V_{model}−V_{obs}）/V_{obs}

实测值与模拟值之间呈现良好的线性相关关系，且相关直线的斜率均接近1；时步长模拟结果比日步长模拟结果具有更高的 VE 和 NSE，总体上时步长模拟结果要优于日步长模拟结果（图9.5），说明当模拟时步长小于岩溶水系统的理论响应时间时，其模拟结果更为准确。

9.3.2　补给面积估算

在本模型［式（8.15）］中，如果补给面积未知，M 可作为除 τ 以外的另一个参数一同嵌入模型中。根据式（8.13），如果通过调整 M 和 τ 得到理想的模拟结果，则这两个最优的模型参数值可用于求取岩溶水系统的补给面积［式（9.1）］。受模型基流初始值的影响，计算的补给面积会比实际补给面积偏小；基流的初始值越大，计算的补给面积与实际补给面积的误差将越大，因为计算的补给面积中未包含基流初始值的产流面积。通过水均衡原理，用计算的补给面积与有效补给降水量计算得到系统的总补给量，与实测总径流量进行对比，可以检验补给面积的计算结果及模型的可靠性。

$$A = M\tau\sqrt{\pi}\left(\frac{2e}{3}\right)^{1.5} \tag{9.1}$$

在雾龙洞的模拟中，通过最优模型参数 M 和 τ 计算出的补给面积约 8 km^2，考虑基流初始值为 0.05 m^3/s，则估算补给面积与前文通过示踪试验和地形地貌分析确定的补给面积（8.7 km^2）较为接近。

9.4　模型的适用性

模型［式（8.15）］中的单参数（τ）取决于岩溶水系统的规模尺度和含水介质特征，它是集总式模型综合特征的反映。在模型的应用中，对降水分布较为均匀的岩溶水系统，其模拟结果更加理想，因此在中小尺度的系统中往往能取得较为理想的结果。这些中小尺度的岩溶水系统也更加适合使用单次水文过程的叠加原理。规模较大的南方岩溶水系统可能由多条地下暗河组成，其基流量相对偏大，流域中的不同部位由于不均匀降水产生的径流增量在时间上不统一，补给过程不宜概化为单一输入端元，因此其总出口的流量过程更为复杂，不适合使用单一叠加原理对水文过程曲线进行刻画（Luo et al.，2016b）。

北方岩溶水系统规模一般为 300~4 000 km^2，南方岩溶水系统规模一般为 50~1 000 km^2（均值为 160 km^2）（张人权 等，2011）。总体而言，南方岩溶水系统的规模普遍比北方岩溶水系统的规模小，且以几十到上百平方公里的中、小尺度规模为主。

在北方岩溶区，岩溶水系统的补给面积往往很大。例如，山西的岩溶大泉，含水介质以溶蚀裂隙为主，岩溶水系统的调蓄能力强，基流量大，泉口的水文过程对补给事件的响应不灵敏（图 9.6），很难准确地捕捉到水文过程的响应时间；而且系统的补给范围过大，其补给过程不宜概化为空间上的单点输入，因此现有模型在北方岩溶区的应用受限。

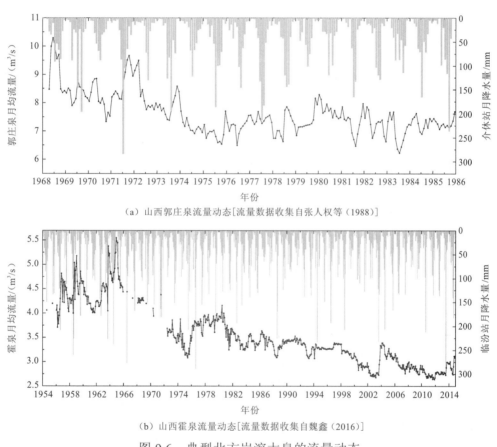

（a）山西郭庄泉流量动态[流量数据收集自张人权等（1988）]

（b）山西霍泉流量动态[流量数据收集自魏鑫（2016）]

图 9.6　典型北方岩溶大泉的流量动态

南方岩溶区的岩溶化程度高，地形切割强烈，许多岩溶泉或地下河出露于岩溶高度发育的地区周边。大多数岩溶泉或地下河对集中补给事件的响应都非常迅速，水文过程曲线呈现明显的脉冲响应规律。本书构建的降水-径流数学模型为南方岩溶区补给资源量评价提供了一个简便有效的方法，具有广泛的应用前景。但对于补给面积特别大的岩溶地下河系统，同样存在不宜采用空间上单点输入端的问题。

本书选择的雾龙洞的系统规模不到 10 km², 其理论响应时间在 0.8 d 左右。而对于几十平方公里以上规模的岩溶水系统, 其理论响应时间当以天计, 即集中暴雨事件之后, 可能需要几天才能达到流量的峰值。因此, 在将本书提出的降水-径流数学模型运用到其他南方岩溶水系统的水资源评价时, 基于日降水数据的日步长模拟一般就可以满足模拟需求, 可不必再细化到利用时降水数据进行时步长模拟, 如此便可提高模拟的效率, 也降低了降水数据采集的难度。

将本书提出的降水-径流数学模型应用到其他地区时, 还面临当地年内蒸散发量估算的问题。考虑模型应用的可实施性和气象数据的采集情况, 在不具备利用综合气象数据和下垫面数据估算蒸散发量的情况下, 可采用如下两种相对简单的方法进行估算: 第一种, 在采集到连续日水面蒸发量数据的地区, 利用当地某个已知岩溶水系统的年度水均衡方程计算年蒸散发量, 计算出年蒸散发量与年水面蒸发量的折算系数, 从而利用折算系数计算年内的陆面日蒸散发量; 第二种, 在无水面蒸发数据的地区, 基于当地的月均降水量和月均气温, 利用经验公式 [如式 (7.2)] 计算得出月蒸散发量, 同样利用当地某个已知岩溶水系统的年度水均衡对各月蒸散发量进行校正, 然后将校正后的月蒸散发量内插至日蒸散发量。这两种估算方法都存在一定的误差, 但基本能满足水资源量评价的需求; 因为洪水一般发生在降水集中的丰水期, 年内蒸散发分布曲线的细微误差对模拟洪峰流量和洪峰时刻的影响较小。

本书提出的降水-径流数学模型目前只适用于中、小尺度规模的岩溶水系统, 原因是模型参数 (τ) 中包含了输入端与输出端的空间距离 [式 (8.9)], 相当于把整个系统的输入概化为一个点源脉冲输入。由于大尺度规模的岩溶水系统不适宜将整个系统的补给概化为一个空间点源, 因此本模型的适用性受限。但是, 对于大尺度规模的岩溶水系统的模拟, 可以考虑从输入端的概化方面进行改进。例如, 在不同的空间距离上概化多个点源脉冲输入端, 而各个输入端的模型参数只是在空间距离上有差别, 这样则变成了多个输入端在时间和空间上的脉冲叠加过程。本书提出的降水-径流数学模型已经解决了时间上的脉冲叠加问题, 对于空间叠加问题, 则是下一步可以继续探索的方向。

参 考 文 献

蔡昊，陈植华，周宏，2015. 裂隙对雾龙洞岩溶发育及地下径流的影响分析 [J]. 安全与环境工程，22（2）：1-6.

常勇，吴吉春，姜光辉，等，2012. 峰丛洼地岩溶泉流量和水化学变化过程中地面径流的作用 [J]. 水利学报，43（9）：1050-1057.

陈崇希，林敏，成建梅，2011. 地下水动力学：第5版 [M]. 北京：地质出版社.

陈植华，1991. 岩溶水系统泉流量系统分析：以山西郭庄泉为例 [J]. 地球科学，16（1）：51-60.

陈植华，陈刚，靖娟利，等，2003. 西南岩溶石山表层岩溶带岩溶水资源调蓄能力初步评价 [C] // 中国岩溶地下水与石漠化治理. 桂林：广西科学出版社：180-188.

程俊贤，1982. 利用岩溶水流量动态法计算降水有效渗入系数 [J]. 水文地质工程地质，5：8-12.

崔光中，1988. 岩溶水系统的混合模拟：以北山岩溶水系统模拟为例 [J]. 中国岩溶，7（3）：253-257.

党学亚，张茂省，2007. 晋西南峨嵋台塬的岩溶水系统及岩溶水资源潜力 [J]. 水文地质工程地质，32（4）：70-73.

董贵明，束龙仓，2014a. 地下水流量衰减方程研究进展及展望 [J]. 水文地质工程地质，41（4）：45-51.

董贵明，束龙仓，田娟，2014b. 西南岩溶地区地下河系统流量衰减系数的时变特征 [J]. 水电能源科学（6）:33-36.

傅春，张强，2008. 流域水文模型综述 [J]. 江西科学，4：588-592，638.

高伟，漆继红，许模，等，2016. 地表岩溶地貌分形特征对隧道工程建设作用初探. 现代隧道技术，53（2）：35-43.

高桥浩一郎，1979. 从月平均气温、月降水量来推算蒸散发量的公式[J]. 天气，26（12）：29-32.

郭洁，李国平，2008. 峨眉山近55 a来水资源变化的多时间尺度分析 [J]. 气象科学（5）：5552-5557.

郭琳，陈植华，2006. 岩溶地区地下河系统水资源定量评价的问题与出路 [J]. 中国岩溶，25（1）：1-5.

韩行瑞，2015. 岩溶水文地质学 [M]. 北京：科学出版社.

韩庆之，曾克峰，梁杏，等，1998. 区域岩溶水水化学特征与渗流研究 [J]. 地质科技情报（S2）：9-14.

何师意，周锦忠，曾飞跃，2007. 岩溶地下河流域地下水资源评价：以湖南湘西大龙洞为

例 [J]．水文地质工程地质，34（5）：33-36.

何宇彬，1997．关于"喀斯特水系统"研究 [J]．中国岩溶，16（1）：67-73.

黄荷，罗明明，陈植华，等，2016．香溪河流域大气降水稳定氢氧同位素时空分布特征[J]．
　　水文地质工程地质，43（4）：36-42.

黄春阳，孙超，2013．广西黑水河流域岩溶水系统结构及其概念模型 [J]．安徽农业科
　　学，41（15）：6826-6828.

黄敬熙，1982．流量衰减方程及其应用：以洛塔岩溶盆地为例[J]．中国岩溶（2）：41-49.

姜光辉，郭芳，2009．我国西南岩溶区表层岩溶带的水文动态分析 [J]．水文地质工程
　　地质（5）：89-93.

姜光辉，于奭，常勇，2011．利用水化学方法识别岩溶水文系统中的径流 [J]．吉林大学
　　学报:地球科学版，41（5）：1535-1541.

蒋忠诚，夏日元，时坚，等，2006．西南岩溶地下水资源开发利用效应与潜力分析 [J]．
　　地球学报（5）：495-502.

劳文科，蓝芙宁，蒋忠诚，等，2009．石期河流域岩溶水系统及其水资源构成分析 [J]．
　　中国岩溶，28（3）：255-262.

李然，谢凯，周宏，2015．浅循环岩溶水系统分析：以香溪河流域百城向斜为例 [J]．安
　　全与环境工程（6）：11-16，22.

梁杏，韩冬梅，靳孟贵，等，2007．忻州盆地边山岩溶水系统与盆地孔隙水补给分析 [J]．
　　水文地质工程地质，34（6）：28-32.

梁杏，张人权，靳孟贵，2015．地下水流系统：理论、应用、调查 [M]．北京：地质出
　　版社.

梁永平，韩行瑞，时坚，等，2005．鄂尔多斯盆地周边岩溶地下水系统模式及特点 [J]．
　　地球学报，26（4）：365-369.

梁永平，王维泰，段光武，2007．鄂尔多斯盆地周边地区野外溶蚀试验结果讨论 [J]．中
　　国岩溶（4）：315-320.

梁永平，王维泰，2010．中国北方岩溶水系统划分与系统特征 [J]．地球学报，31（6）：
　　860-868.

林敏，1984．泉流量衰减方程中α系数物理意义的探讨 [J]．勘察科学技术（5）:6-10.

刘健，张奇，许崇育，等，2010．近50年鄱阳湖流域实际蒸发量的变化及影响因素 [J]．
　　长江流域资源与环境，19（2）：139-145.

刘仙，蒋勇军，叶明阳，等，2009．典型岩溶槽谷区地下河水文动态响应研究：以重庆青
　　木关地下河为例 [J]．中国岩溶，28（2）：149-154.

刘彩红，杨延华，王振宇，2012．黄河上游夏季流量对气候变化的响应及未来趋势预估[J]．
　　地理科学进展（7）：846-852.

刘惠民，邓慧平，孙菽芬，等，2013．陆面模式SSIB耦合TOPMODEL对流域水文模拟影
　　响的数值试验 [J]．高原气象（6）：829-838.

刘丽红，2011. 岩溶槽谷流域地表降水径流过程模拟研究：以重庆青木关岩溶槽谷为例[D]．重庆:西南大学.

刘丽红，王大胜，李娴，等，2014. 后寨岩溶含水系统快慢速流成分识别[J]．水利水电科技进展（5）：61-64.

刘再华，李强，汪进良，等，2004. 桂林岩溶试验场钻孔水化学暴雨动态和垂向变化解译[J]．中国岩溶（3）：3-10.

卢耀如，张凤娥，刘长礼，等，2006. 中国典型地区岩溶水资源及其生态水文特征[J]．地球学报，27（5）：393-402.

罗明明，肖天昀，陈植华，等，2014. 香溪河岩溶流域几种岩溶水系统的地质结构特征[J]．水文地质工程地质，41（6）：13-19，25.

罗明明，黄荷，尹德超，等，2015a. 基于水化学和氢氧同位素的峡口隧道涌水来源识别[J]．水文地质工程地质，42（1）：7-13.

罗明明，尹德超，张亮，等，2015b. 南方岩溶含水系统结构识别方法初探[J]．中国岩溶，34（6）：543-550.

罗明明，陈植华，周宏，等，2016. 岩溶流域地下水调蓄资源量评价[J]．水文地质工程地质，43（6）：14-20.

罗利川，梁杏，周宏，等，2018. 香溪河流域岩溶洞穴发育与分布特征[J]．中国岩溶，37（3）：450-461.

马全，2014. 基于MIKE SHE模型的湟水流域干旱评估预报模型研究[D]．咸阳：西北农林科技大学.

缪钟灵，缪执中，1984. 指数衰减方程在地下水研究中的运用[J]．勘察科学技术（5）：1-6.

潘欢迎，2014. 岩溶流域水文模型及应用研究[D]．武汉:中国地质大学（武汉）.

裴建国，梁茂珍，陈阵，2008. 西南岩溶石山地区岩溶地下水系统划分及其主要特征值统计[J]．中国岩溶，27（1）：6-10.

任启伟，2006. 基于改进SWAT模型的西南岩溶流域水量评价方法研究[D]．武汉:中国地质大学（武汉）.

芮孝芳，2004. 水文学原理[M]．北京:中国水利水电出版社.

单海平，邓军，2007. 我国西南地区岩溶水资源的基本特征及其和谐利用对策[J]．中国岩溶，25（4）：324-329.

沈继方，区永和，王增银，等，1994. 鄂西清江流域岩溶研究报告[R]．武汉：中国地质大学（武汉）：145-147.

宋正山，杨辉，张庆云，1999. 华北地区水资源各分量的时空变化特征[J]．高原气象（4）：552-566.

孙晨，束龙仓，鲁程鹏，等，2014. 裂隙-管道介质泉流量衰减过程试验研究及数值模拟[J]．水利学报，45（1）：50-57.

万军伟，沈继方，1998. 高坝洲地区岩溶水系统的研究方法与意义［J］. 水文地质工程地质，25（6）：1-4.

王伟，向群，2010. 黔西北地区岩溶水系统划分及找水方向［J］. 贵州地质，27（1）：49-53.

王文玉，张强，阳伏林，2013. 半干旱榆中地区最小有效降水量及降水转化率的研究［J］. 气象学报，71（5）：952-961.

王宇，2003. 西南岩溶石山区断陷盆地岩溶水系统分类及供水意义［J］. 中国地质，30（2）：220-224.

王增海，2012. 水电站发电流量计算方法探讨［J］. 人民黄河，34（8）：117-119.

魏鑫，2016. 山西霍泉岩溶水系统河道渗漏研究［D］. 武汉:中国地质大学（武汉）.

吴继敏，郑建青，高正夏，等，1999. 次降雨入渗补给系数的模型研究［J］. 河海大学学报（自然科学版）（6）：7-11.

肖紫怡，陈植华，朱静静，等，2016. 基岩山区地下水系统图编制思路与方法初步研究［J］. 安全与环境工程，23（3）：1-6.

徐恒力，2001. 水资源开发与保护［M］. 北京：地质出版社.

徐恒力，2009. 环境地质学［M］. 北京：地质出版社.

严启坤，1993. 概念性岩溶水文模型中几个疑难问题的探讨［J］. 中国岩溶，12（4）：295-303.

严启坤，黄敬熙，周维新，1986. 论岩溶地下水系统中的快速流与慢速流［J］. 中国岩溶，5（4）：319-325.

杨立铮，1982. 地下河流域岩溶水天然资源类型及评价方法［J］. 水文地质工程地质（4）：22-25.

杨平恒，罗鉴银，彭稳，等，2008. 在线技术在岩溶地下水示踪试验中的应用：以青木关地下河系统岩口落水洞至姜家泉段为例［J］. 中国岩溶，27（3）：215-220.

尹德超，罗明明，周宏，等，2015. 鄂西岩溶槽谷区地下河系统水资源构成及其结构特征［J］. 水文地质工程地质，42（3）：13-18，26.

尹德超，罗明明，张亮，等，2016. 基于流量衰减分析的次降水入渗补给系数计算方法［J］. 水文地质工程地质，43（3）：11-16.

於崇文，2007. 地质系统的复杂性［M］. 北京：地质出版社.

于津生，张鸿斌，虞福基，等，1980. 西藏东部大气降水氧同位素组成特征［J］. 地球化学（2）：113-121.

于正良，杨平恒，谷海华，等，2014. 基于在线高分辨率示踪技术的岩溶泉污染来源及含水介质特征分析：以重庆黔江区鱼泉坎为例［J］. 中国岩溶，33（4）：498-503

袁道先，1992. 中国西南部的岩溶及其与华北岩溶的对比［J］. 第四纪研究（4）：352-361.

袁道先，2003. 岩溶地区的地质环境和水文生态问题［J］. 南方国土资源（1）：22-25.

袁道先，2015. 我国岩溶资源环境领域的创新问题［J］. 中国岩溶（2）：98-100.

袁道先，蔡桂鸿，1988. 岩溶环境学［M］. 重庆：重庆出版社.

袁道先，戴爱国，蔡五田，等，1996. 中国南方裸露型岩溶峰丛山区岩溶水系统及其数学模型的研究：以桂林丫吉村为例［M］. 桂林：广西师范大学出版社.

袁道先，刘再华，林玉石，等，2002. 中国岩溶动力系统［M］. 北京：地质出版社.

苑文华，张玉洁，孙茂璞，等，2010. 山东省降水量与不同强度降水日数变化对干旱的影响［J］. 干旱气象，28（1）：35-40.

张亮，陈植华，周宏，等，2015. 典型岩溶泉水文地质条件的调查与分析：以香溪河流域白龙泉为例［J］. 水文地质工程地质，42（2）：31-37.

张人权，王恒纯，许绍倬，等，1988. 山西龙子祠泉及郭庄泉岩溶水系统研究报告［R］. 武汉：中国地质大学水文地质与工程地质系.

张人权，周宏，陈植华，等，1991. 山西郭庄泉岩溶水系统分析［J］. 地球科学，16（1）：1-17.

张人权，梁杏，靳孟贵，等，2011. 水文地质学基础.6版［M］. 北京：地质出版社.

张人权，梁杏，周宏，2015. 新形势下水文地质调查工作的初步思考［C］// 中国地质调查局1:5万水文地质培训班. 武汉：中国地质大学（武汉）.

张艳芳，陈喜，程勤波，等，2010. 基于流量衰减过程的岩溶地区水文地质参数推求方法［J］. 水电能源科学（11）：55-57.

章程，蒋勇军，袁道先，等，2007. 利用SWMM模型模拟岩溶峰丛洼地系统降雨径流过程：以桂林丫吉试验场为例［J］. 水文地质工程地质（3）：10-14.

郑淑蕙，侯发高，倪葆龄，1983. 我国大气降水的氢氧稳定同位素研究［J］. 科学通报（13）：801-806.

周彬，罗朝晖，周宏，等，2016. 香溪河岩溶流域水文地球化学特征分析［J］. 安全与环境工程（5）：7-12，42.

邹胜章，张文慧，梁小平，等，2005. 表层岩溶带调蓄系数定量计算：以湘西洛塔赵家湾为例［J］. 水文地质工程地质，42（4）：37-42.

ABBOTT M B，BATHHURST J C，CUNGE J A，et al.，1986. An introduction to the European hydrological System-Systeme hydrologique Europeen，SHE. 1. History and philosophy of a physically based distributed modeling system［J］. Journal of hydrology，87（1/2）：45-59.

AJMAL M，WASEEM M，AHN J H，et al.，2015. Improved runoff estimation using event-based rainfall-runoff models［J］. Water resources management，29（6）：1995-2010.

ANDERSON M P，2005. Heat as a ground water tracer［J］. Groundwater，43（6）：951-968.

APPELO C A J，POSTMA D，2005. Geochemistry, groundwater and pollution［M］. Leiden：CRC Press.

AQUILANTI L，CLEMENTI F，LANDOLFO S，et al.，2013. A DNA tracer used in column tests for hydrogeology applications［J］. Environmental earth sciences，70（7）：3143-3154.

ATKINSON T C，1977. Diffuse flow and conduit flow in limestone terrain in the Mendip Hills， somerset（great britain）［J］. Journal of hydrology，35（1/2）：93-110.

AYDIN H，EKMEKCI M，SOYLU M E，2014. Effects of sinuosity factor on hydrodynamic parameters estimation in karst systems：a dye tracer experiment from the Beyyayla sinkhole （Eskisehir，Turkey）［J］. Environmental earth sciences，71（9）：3921-3933.

BAILLY-COMTE V，MARTIN J B，JOURDE H，et al.，2010. Water exchange and pressure transfer between conduits and matrix and their influence on hydrodynamics of two karst aquifers with sinking streams［J］. Journal of hydrology，386（1/4）：55-66.

BAKALOWICZ M，2005. Karst groundwater：a challenge for new resources［J］. Hydrogeology journal，13（1）：148-160.

BARBIERI M，BOSCHETTI T，PETITTA M，et al.，2005. Stable isotope （^{2}H，^{18}O and ^{87}Sr/^{86}Sr） and hydrochemistry monitoring for groundwater hydrodynamics analysis in a karst aquifer（Gran Sasso，Central Italy）［J］. Applied geochemistry，20（11）：2063-2081.

BATHURST J C，COOLEY K R，1996. Use of the SHE hydrological modeling system to investigate basin response to snowmelt at Reynolds Creek，Idaho［J］. Journal of hydrology，175（1/4）:181-211.

BATHURST J C，O'CONNELL P E，1992. Future of distributed modeling：the systeme hydrologique Europeen［J］. hydrological processes，6（5）：265-277.

BATIOT C，EMBLANCH C，BLAVOUX B，2003. Total organic carbon （TOC） and magnesium （Mg^{2+}） two complementary tracers of residence time in karstic systems［J］. Comptes rendus geoscience，335（2）：205-214.

BEVEN K J，KIRKBY M J，SCHOFIELD N，et al.，1984. Testing a physically based flood-forecasting model（TOPMODEL）for three UK catchments［J］. Journal of hydrology，69（1/4）：119-143.

BIRK S，LIEDL R，SAUTER M，2004. Identification of localised recharge and conduit flow by combined analysis of hydraulic and physico-chemical spring responses（Urenbrunnen，SW-Germany）［J］. Journal of hydrology，286（1/4）：179-193.

BIRK S，GEYER T，LIEDL R，et al.，2005. Process-based interpretation of tracer tests in carbonate aquifers［J］. Ground water，43（3）：381-388.

BOS M G，KSELIK R A L，ALLEN R G，et al.，2008. Water requirements for irrigation and the environment［M］. Dordrecht：Springer.

BUTSCHER C，HUGGENBERGER P，2008. Intrinsic vulnerability assessment in karst areas：a numerical modeling approach［J］. Water resources research，44（3）：3408.

CHARLIER J B，BERTRAND C，MUDRY J，2012. Conceptual hydrogeological model of flow and transport of dissolved organic carbon in a small Jura karst system［J］. Journal of hydrology，460-461：52-64.

CIVITA M V，2008. An improved method for delineating source protection zones for karst springs based on analysis of recession curve data［J］. Hydrogeology journal，16（5）: 855-869.

CLARK I D，FRITZ P，1997. Environmental Isotopes in Hydrogeology［M］. New York: Lewis Publishers.

CLIFFORD F D ，WILLIAMS P W，2007. Karst Hydrogeology and Geomorphology［M］. Chichester: John Wiley & Sons.

COVINGTON M D, LUHMANN A J, GABROVSEK F, et al., 2011. Mechanisms of heat exchange between water and rock in karst conduits［J］. Water resources research, 47: W10514.

CRAIG H，1961. Isotopic variations in meteoric waters［J］. Science，133（3465）: 1702-1703.

CRISS R E，1999. Principles of stable isotope distribution［M］. Oxford: Oxford University Press.

CRISS R E，WINSTON W E，2003. Hydrograph for small basins following intense storms［J］. Geophysical research letters，30（6）:1314-1318.

CRISS R E，WINSTON W E，2008a. Discharge predictions of a rainfall-driven theoretical hydrograph compared to common models and observed data［J］. Water resources research，44（10）: W10407.

CRISS R E，WINSTON W E，2008b. Do Nash values have value? Discussion and alternate proposals［J］. Hydrological processes，22（14）: 2723-2725.

CRISS R E，WINSTON W E，2008c. Properties of a diffusive hydrograph and the interpretation of its single parameter［J］. Mathematical geosciences，40（3）: 313-325.

DEWALLE D R，EDWARDS P J，SWISTOCK B R，et al.，1997. Seasonal isotope hydrology of three Appalachian forest catchments［J］. Hydrological processes，11（15）: 1895-1906.

DEWANDEL B，LACHASSAGNE P，BAKALOWICZ M，et al.，2003. Evaluation of aquifer thickness by analyzing recession hydrographs: application to the Oman ophiolite hard-rock aquifer［J］. Journal of hydrology，274（1/4）: 248-269.

DI MATTEO L，VALIGI D，CAMBI C，2013. Climatic characterization and response of water resources to climate change in limestone areas: considerations on the importance of geological setting［J］. Journal of hydrologic engineering，18（7）: 773-779.

DOU C，WOLDT W，DAHAB M，et al.，1997. Transient groundwater flow simulation using a fuzzy set approach［J］. Ground water，35（2）: 205-215.

DOUCETTE R, PETERSON E W, 2014. Identifying water sources in a karst aquifer using thermal signatures［J］. Environmental earth sciences, 72:5171-5182.

DOUMMAR J，SAUTEr M，GEYER T，2012. Simulation of flow processes in a large scale karst system with an integrated catchment model（Mike She）-Identification of relevant parameters influencing spring discharge［J］. Journal of Hydrology，426-427: 112-123.

DROGUE C, 1972. Analyse statistique des hydrogrammes de décrues des sources karstiques [Statistical analysis of hydrograph recessions of karst springs] [J]. Journal of hydrology, 15:49-68.

DUAN J, MILLER N L., 1997. A generalized power function for the subsurface transmissivity profile in TOPMODEL [J]. Water resources research, 33 (11): 2559-2562.

EISENLOHR L, KIRÁLY L, BOUZELBOUDJEN M, et al., 1997. Numerical simulation as a tool for checking the interpretation of karst springs hydrographs[J]. Journal of hydrology, 193 (1/4): 306-315.

FEDDES R A, KABAT P, VAN BAKEL P J T, et al., 1988. Modelling soil water dynamics in the unsaturated zone: state of the art [J]. Journal of hydrology, 100 (1/3): 69-111.

FIELD M S, 2002. The QTRACER2 program for tracer-breakthrough curve analysis for tracer tests in karstic aquifers and other hydrologic systems [M].Washington D C: U.S. Environmental Protection Agency.

FIELD M S, PINSKY P F, 2000. A two-region nonequilibrium model for solute transport in solution conduits in karstic aquifers [J]. Journal of contaminant hydrology, 44 (3/4): 329-351.

FLEURY P, PLAGNES V, BAKALOWICZ M, 2007.Modeling of the functioning of karst aquifers with a reservoir model: application to Fontaine de Vaucluse(South of France)[J]. Journal of Hydrology, 345 (1/2):38-49.

FREDERICKSON G C, CRISS R E, 1999. Isotope hydrology and time constants of the unimpounded Meramec River Basin, Missouri[J]. Chemical geology, 157(3/4): 303-317.

GEYER T, BIRK S, LIEDL R, et al., 2008. Quantification of temporal distribution of recharge in karst systems from spring hydrographs [J]. Journal of hydrology, 348 (3/4): 452-463.

GHASEMIZADEH R, HELLWEGER F, BUTSCHER C, et al., 2012. Review: Groundwater flow and transport modeling of karst aquifers, with particular reference to the North Coast Limestone aquifer system of Puerto Rico [J]. Hydrogeology journal, 20 (8): 1441-1461.

GÖKBULAK F, ŞENGÖNÜL K, SERENGIL Y, et al., 2015. Comparison of rainfall-runoff relationship modeling using different methods in a forested watershed [J]. Water resources management, 29 (12): 4229-4239.

GOLDSCHEIDER N, 2008. A new quantitative interpretation of the long-tail and plateau-like breakthrough curves from tracer tests in the artesian karst aquifer of Stuttgart, Germany[J]. Hydrogeology journal, 16 (7): 1311-1317.

GOLDSCHEIDER N, DREW D, 2007. Methods in karst hydrogeology [M]. London: Taylor & Francis.

GONG L B, XU C Y, CHEN D L, et al., 2006. Sensitivity of the Penman-Monteith reference evapotranspiration to key climatic variables in the Changjiang (Yangtze River) basin [J].

Journal of hydrology，329（3/4）：620-629.

GREMAUD V，GOLDSCHEIDER N，SAVOY L，et al.，2009. Geological structure，recharge processes and underground drainage of a glacierised karst aquifer system，Tsanfleuron-Sanetsch，Swiss Alps ［J］. Hydrogeology journal，17（8）：1833-1848.

HAGA H，MATSUMOTO Y，MATSUTANI J，et al.，2005. Flow paths，rainfall properties，and antecedent soil moisture controlling lags to peak discharge in a granitic unchanneled catchment ［J］. Water resources research，41（12）：W12434.

HAN D M，XU H L，LIANG X，2006. GIS-based regionalization of a karst water system in Xishan Mountain area of Taiyuan Basing，north China［J］. Journal of hydrology，331（3/4）：459-470.

HARTMANN A，GOLDSCHEIDER N，WAGENER T，et al.，2014. Karst water resources in a changing world：review of hydrological modeling approaches［J］. Reviews of geophysics，52：218-242.

HASENMUELLER E A，CRISS R E，2013. Multiple sources of boron in urban surface waters and groundwaters ［J］. Science of the total environment，447：235-247.

HU C H，HAO Y H，YEH T C J，et al.，2008. Simulation of spring flows from a karst aquifer with an artificial neural network ［J］. Hydrological processes，22（5）：596-604.

KANG B，YOUNG H K，KIM Y D，2015. A case study for ANN-based rainfall–runoff model considering antecedent soil moisture conditions in Imha Dam watershed，Korea ［J］. Environmental earth sciences，74（2）：1261-1272.

KOURTULUS B，RAZACK M，2010. Modeling daily discharge responses of a large karstic aquifer using soft computing methods：artificial neural network and neuro-fuzzy［J］. Journal of hydrology，381（1/2）：101-111.

KOVACS A，SAUTER M，2007. Modeling karst hydrodynamics ［M］// GOLDSCHEIDER N，DREW D. Methods in Karst Hydrogeology. IAH：International Contribution to Hydrogeology，26. London：CRC Press.

KREFT A，ZUBER A，1978. On the physical meaning of the dispersion equation and its solution for different initial and boundary conditions ［J］. Chemical engineering science，33（11）：1471-1480.

KURTULUS B，RAZACK M，2006. Evaluation of the ability of an artificial neural network model to simulate the input–output responses of a large karstic aquifer：the La Rochefoucauld aquifer（Charente，France）［J］. Hydrogeology journal，15（2）：241-254.

LALLAHEM S，MANIA J，2003. A nonlinear rainfall-runoff model using neural network technique：example in fractured porous media ［J］. Mathematical and computer modelling，37（9/10）：1047-1061.

LAUBER U，GOLDSCHEIDER N，2014a. Use of artificial and natural tracers to assess groundwater transit-time distribution and flow systems in a high-alpine karst system （Wetterstein Mountains，Germany）［J］. Hydrogeology journal，22：1807-1824.

LAUBER U，UFRECHT W，GOLDSCHEIDER N，2014b. Spatially resolved information on karst conduit flow from in-cave dye tracing［J］. Hydrology and earth system sciences，18（2）:435-445.

LAUBER U， KOTYLA P， MORCHE D，et al.，2014c. Hydrogeology of an Alpine rockfall aquifer system and its role in flood attenuation and maintaining baseflow［J］. Hydrology and earth system sciences，18（11）：4437-4452.

LEE J Y， LEE K K，2000. Use of hydrologic time series data for identification of recharge mechanism in a fractured bedrock aquifer system［J］. Journal of hydrology，229（3/4）：190-201.

LUHMANN A J， COVINGTON M D， PETERS A J， et al.，2011. Classification of thermal patterns at karst springs and cave streams［J］. Groundwater, 49(3):324-335.

LUO M M， CHEN Z H， CRISS R E，et al.，2016a. Dynamics and anthropogenic impacts of multiple karst flow systems in a mountainous area，South China［J］. Hydrogeology journal，24（8）：1993-2002.

LUO M M， CHEN Z H， CRISS R E，et al.，2016b. Method for calibrating a theoretical model in karst springs：an example for a hydropower station in South China［J］. Hydrological processes，30（25）：4815-4825.

LUO M M， CHEN Z H， YIN D C，et al.，2016c. Surface flood and underground flood in Xiangxi River Karst Basin：characteristics，models，and comparisons［J］. Journal of earth science，27（1）：15-21.

LUO M M， CHEN Z H， ZHOU H，et al.，2016d. Identifying structure and function of karst aquifer system using multiple field methods in karst trough valley area，South China［J］. Environmental earth sciences，75：824.

LUO M M，CHEN Z H，ZHOU H，et al.，2018a. Hydrological response and thermal effect of karst springs linked to aquifer geometry and recharge processes. Hydrogeology journal，26（2）：629-639.

LUO M M，ZHOU H，LIANG Y P，et al.，2018b. Horizontal and vertical zoning of carbonate dissolution in China. Geomorphology，322：66-75.

MAILLET E，1905. Essais d'Hydraulique souterraine et fluviale［M］//Hydraulic tests in the subsurface and in rivers. Paris：Hermann.

MANGA M， KIRCHNER J W，2004. Interpreting the temperature of water at cold springs and the importance of gravitational potential energy［J］.Water resources research, 40:W05110.

MARECHAL J C， ETCHEVERRY D，2003. The use of ^{3}H and ^{18}O tracers to characterize water inflows in Alpine tunnels ［J］. Applied geochemistry，18（3）：339-351.

MENG X M, YIN M S, Ning L B, et al., 2015. A threshold artificial neural network model for improving runoff prediction in a karst watershed[J]. Environmental earth sciences, 74（6）: 5039-5048.

MILLARES A, POLO M J, LOSADA M A, 2009. The hydrological response of baseflow in fractured mountain areas [J]. Hydrology and earth system sciences, 6: 3359-3384.

MILLER M P, SUSONG D D, SHOPE C L, et al., 2014. Continuous estimation of baseflow in snowmelt-dominated streams and rivers in the Upper Colorado River Basin: A chemical hydrograph separation approach [J]. Water resources research, 50: 6986-6999.

MORALES T, URIARTE J A, OLAZAR M, et al., 2010. Solute transport modelling in karst conduits with slow zones during different hydrologic conditions [J]. Journal of hydrology, 390（3/4）: 182-189.

MUDARRA M, ANDREO B, MARÍN A I, et al., 2014. Combined use of natural and artificial tracers to determine the hydrogeological functioning of a karst aquifer: the Villanueva del Rosario system（Andalusia, southern Spain）[J]. Hydrogeology journal, 22: 1027-1039.

NASH J E, SUTCLIFFE J V, 1970. River flow forecasting through conceptual models: Part 1-A discussion of principles [J]. Journal of hydrology, 10（3）: 282-290.

O'DRISCOLL M A, DEWALLEB D R, MCGUIREC K J, et al., 2005. Seasonal ^{18}O variations and groundwater recharge for three landscape types in central Pennsylvania, USA [J]. Journal of hydrology, 303（1/4）: 108-124.

PADILLA A, PULIDO-BOSCH A, MANGIN A, 1994. Relative importance of baseflow and quickflow from hydrographs of karst spring [J]. Groundwater, 32（2）: 267-277.

PADILLA A, PULIDO-BOSCH A, 1995. Study of hydrographs of karstic aquifers by means of correlation and cross-spectral analysis [J]. Journal of hydrology, 168（1/4）: 73-89.

PANAGOPOULOS G, LAMBRAKIS N, 2006. The contribution of time series analysis to the study of the hydrodynamic characteristics of the karst system:application on two typical karst aquifers of Greece（Trifilia, Almyros Crete）[J]. Journal of hydrology, 329（3/4）: 368-376.

PERRIN J, JEANNIN PY, ZWAHLEN F, 2003. Implications of the spatial variability of infiltration-water chemistry for the investigation of karst aquifer: a field study at the Milandre test site, Swiss Jura [J]. Hydrogeology journal, 11（6）: 673-686.

PETRIC M, 2002. Characteristics of recharge-discharge relations in karst aquifer [M]. Postojna-Ljubljana: Zalozba ZRC.

POLLACK H N, HURTER S J, JOHNSON J R, 1993. Heat loss from the Earth's interior: analysis of the global data set [J]. Reviews of geophysics, 31:267-280.

ROSE T P, DAVISSON M L, CRISS R E, 1996. Isotope hydrology of voluminous cold springs in fractured rock from an active volcanic region, northeastern California [J]. Journal of hydrology, 179（1/4）: 207-236.

SCANLON B R，MACE R E，BARRET M E，et al.，2003. Can we simulate regional groundwater flow in a karst system using equivalent porous media models? Case study，Barton springs Edwards aquifer，USA［J］. Journal of hydrology，276（1/4）：137-158.

SCHMIDT S，GEYER T，GUTTMAN J，et al.，2014. Characterization and modelling of conduit restricted karst aquifers-Example of the Auja spring，Jordan Valley［J］. Journal of hydrology，511：750-763.

SEN Z，ALTUNKAYNAK A，2006. A comparative fuzzy logic approach to runoff coefficient and runoff estimation［J］. Hydrological processes，20：1993-2009.

STUEBER A M，CRISS R E，2005. Origin and transport of dissolved chemicals in a karst watershed，southwestern Illinois［J］. Journal of the American water resources association，41（2）：267-290.

SZILAGYI J M，PARLANGE B，ALBERTSON J D，1998. Recession flow analysis for aquifer parameter determination［J］. Water resources，34（7）：1851-1857.

TALLAKSEN L M，1995. A review of baseflow recession analysis［J］. Journal of hydrology，165（1/4）：349-370.

THRAILKILL J V，1968. Chemical and hydrologic factor in the excavation of limestone caves［J］. Geological society of America bulletin，79（1）：19-46.

TORBAROV K，1976. Estimation of permeability and effective porosity in karst on the basis of recession curve analysis［M］// YEVJEVICH V. Karst hydrology and water resources，vol 1：Karst Hydrology. Littleton：Water Resourses Publication.

TÓTH J，1963. A theoretical analysis of groundwater flow in small drainage basins［J］. Journal of geophysical research，68（16）：4795-4812.

TÓTH J，2009. Gravitational systems of groundwater flow theory，evaluation，utilization［M］. New York：Cambridge University Press.

ULIANA M M，BANNER J L，SHARP J M，2007. Regional groundwater flow paths in Trans-Pecos，Texas inferred from oxygen，hydrogen，and strontium isotopes［J］. Journal of hydrology，334：334-346.

VESPER D J，WHITE W B，2004. Storm pulse chemographs of saturation index and carbon dioxide pressure：implications for shifting recharge sources during storm events in the karst aquifer at Fort Campbell，Kentucky/Tennessee，USA［J］. Hydrogeology journal，12（2）：135-143.

VINCENZI V，GARGINI A，GOLDSCHEIDER N，2009. Using tracer tests and hydrological observations to evaluate effects of tunnel drainage on groundwater and surface waters in the Northern Apennines（Italy）［J］. Hydrogeology journal，17（1）：135-150.

WETZEL K F，2003. Runoff production processes in small alpine catchments within the unconsolidated Pleistocene sediments of the Lainbach area（Upper Bavaria）［J］. Hydrological processes，17（12）：2463-2483.

WHITE W B, 2002. Karst hydrology: recent developments and open questions[J]. Engineering geology, 65 (2/3): 85-105.

WHITE W B, WHITE E L, 2005. Ground water flux distribution between matrix, fractures, and conduits: constraints on modeling [J]. Speleogenesis and evolution of karst aquifers, 3 (2): 1-6.

WILLIAMS S D, WOLFE W J, FARMER J J, 2006. Sampling strategies for volatile organic compounds at three karst springs in Tennessee [J]. Groundwater Monitoring & Remediation, 26 (1): 53-62.

WINSTON W E, CRISS R E, 2004. Dynamic hydrologic and geochemical response in a perennial karst spring [J]. Water resources research, 40 (5): W05106.

WINTER T C, 1999. Relation of streams, lakes, and wetlands to groundwater flow systems [J]. Hydrogeology journal, 7 (1): 28-45.

WITHERSPOON P A, WANG J S Y, IWAI K, et al., 1980. Validity of the cubic law for fluid flow in a deformable rock fracture [J]. Water resources research, 16 (6): 1016-1024.

WONG C, MAHLER B J, MUSGROVE M, et al., 2012. Changes in sources and storage in a karst aquifer during a transition from drought to wet conditions[J]. Journal of hydrology, 468-469: 159-172

WU J, ZHOU JZ, CHEN L, et al., 2015. Coupling Forecast Methods of Multiple Rainfall–Runoff Models for Improving the Precision of Hydrological Forecasting[J]. Water resources management, 29 (14): 5091-5108.

XIE X, WANG Y, ELLIS A, et al., 2013. Delineation of groundwater flow paths using hydrochemical and strontium isotope composition: a case study in high arsenic aquifer systems of the Datong basin, northern China [J]. Journal of hydrology, 476: 87-96.

XU C Y, SINGH V P, 2005. Evaluation of three complementary relationship evapotranspiration models by water balance approach to estimate actual regional evapotranspiration in different climatic regions [J]. Journal of hydrology, 308 (1/4): 105-121.

XU C Y, GONG L B, JIANG T, et al., 2006. Analysis of spatial distribution and temporal trend of reference evapotranspiration and pan evaporation in Changjiang (Yangtze River) catchment [J]. Journal of hydrology, 327 (1/2): 81-93.

YANG Y, ENDRENY T A, 2013. Watershed hydrograph model based on surface flow diffusion [J]. Water resources research, 49 (1): 507-516.

ZELJKOVIC I, KADIC A, 2015. Groundwater balance estimation in karst by using simple conceptual rainfall–runoff model [J]. Environmental earth sciences, 74 (7): 6001-6015.

ZUBEYDE H B, MEHMET S S, 2014. Characteristics of Karst Springs in Aydıncık (Mersin, Turkey), based on recession curves and hydrochemical and isotopic parameters [J]. Quarterly Journal of engineering geology and hydrogeology, 47 (1): 89-99.

图 版 I

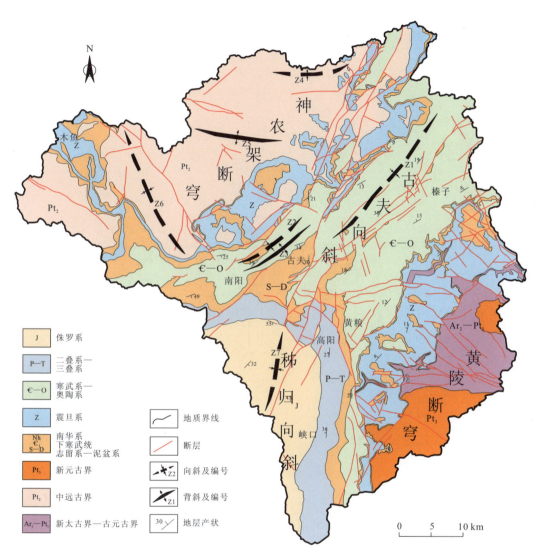

图 2.4 香溪河流域地质构造纲要图

图 版 II

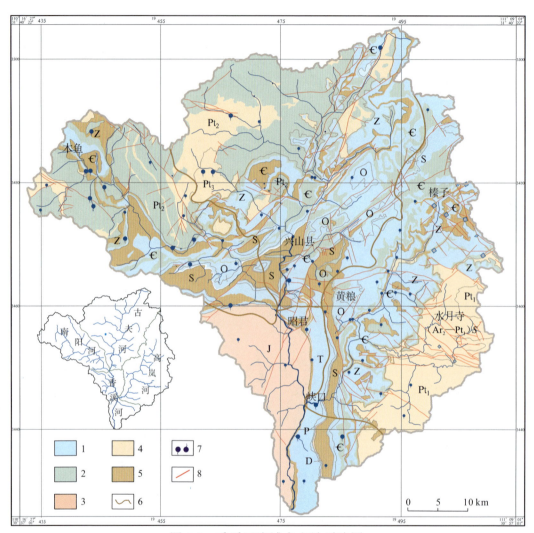

图 2.5　香溪河流域水文地质略图

1-碳酸盐岩溶洞裂隙水；2-碳酸盐岩夹碎屑岩溶洞裂隙水；3-碎屑岩风化裂隙水；4-变质岩及岩
浆岩风化裂隙水；5-相对隔水层；6-子流域边界；7-下降泉、上升泉；8-断层

图 版 III

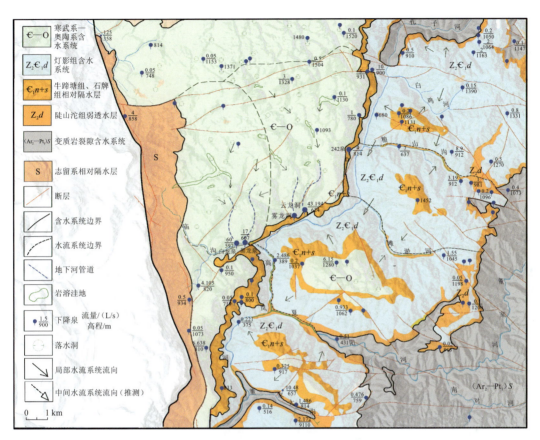

图 2.9 高岚河流域岩溶水系统划分

图 版 IV

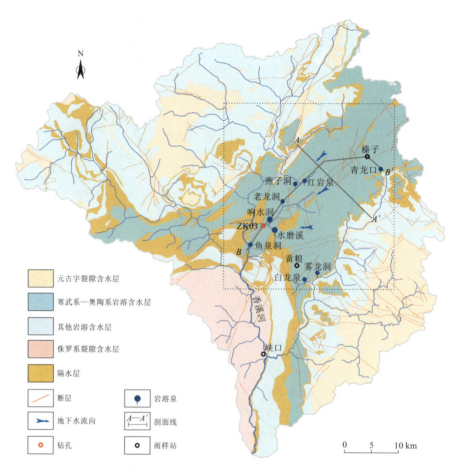

图3.1 古夫宽缓向斜区水文地质简图

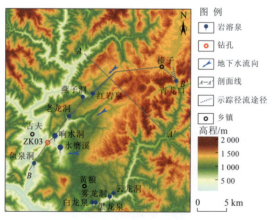

图3.3 古夫宽缓向斜区地形简图